AF758669

Ecomaison – Une Approche Holistique sur la Vie Soutenable

Rogerio Cietto

Published by Rogerio Cietto, 2021.

Ecomaison – Une Approche Holistique sur la Vie Soutenable

Publié par Rogerio Paiva Cietto à Smashwords

Index

Introduction

"Dieu les bénit et dit : Soyez féconds et multipliez-vous ; remplissez la terre et soumettez-la. Maîtrisez les poissons dans la mer, les oiseaux dans le ciel et tous les animaux qui rampent sur la terre" Genèse 1, 28. (Ainsi l'homme est appelé à régner sur la mer, l'air et la terre, et c'est pourquoi nous avons tous l'esprit de SEAL et de forces spéciales similaires sur nous).

Le mot *eco* signifie nature (en grec *oikos* signifie maison), donc une Ecomaison serait un lieu respectueux de l'environnement (littéralement, une maison à l'intérieur d'une maison). Il serait facile pour nous tous d'être respectueux de l'environnement, en totale symbiose avec la nature : il suffit de vivre comme nous le faisions il y a 10.000 ans, en chassant, en plantant et en vivant dans des abris sans eau ni énergie ...

Ce ne serait pas sage, car beaucoup d'entre nous mourraient de faim, de maladies ou de catastrophes. Mais le mode de vie de nos ancêtres peut nous aider à comprendre pourquoi nous devons repenser notre relation avec la nature. Nos ancêtres se sont battus pour leur survie individuelle au quotidien, et ceux qui avaient la technologie et les ressources (pratiquement illimitées à l'époque) avaient une longueur d'avance.

Aujourd'hui, nous nous battons pour la même survie, mais sur la base des avantages que nous avons aujourd'hui, et certains d'entre nous sont en avance grâce à l'accès à la technologie et aux ressources (clairement limité face à la population mondiale d'aujourd'hui).

Avant d'expliquer le nombre d'idées rassemblées dans ce travail, il est nécessaire de comprendre la soutenabilité et les concepts et principes qui ont inspiré ce travail.

La soutenabilité est la capacité de vivre en respectant trois facteurs :

- environnemental (bon pour la planète et ses ressources) ;
- social (bon pour les autres, qu'ils soient proches ou éloignés) ;
- économique (accessible à tous pour l'achat et l'entretien).

Le pape François expose clairement cette interrelation dans la lettre encyclique Laudato SÌ : "139. Lorsque nous parlons d'"**environnement**", ce que nous entendons vraiment, c'est une relation existante entre la nature et la société qui y vit. La nature ne peut être considérée comme quelque chose de séparé de nous-mêmes ou comme un simple cadre dans lequel nous vivons. **Nous faisons partie de la nature, inclus en elle** et donc en constante interaction avec elle. Reconnaître les raisons pour lesquelles une zone donnée est polluée nécessite une étude du fonctionnement de la société, de son économie, de ses comportements et de la manière dont elle appréhende la réalité. Compte tenu de l'ampleur du changement, il n'est plus possible de trouver une réponse spécifique et discrète pour chaque partie du problème. Il est essentiel de rechercher des solutions globales qui prennent en compte les interactions au sein des systèmes naturels eux-mêmes et avec les systèmes sociaux. **Nous ne sommes pas confrontés à deux crises distinctes, l'une environnementale et l'autre sociale, mais plutôt à une crise complexe à la fois sociale et environnementale**. Les stratégies de solution exigent une approche intégrée de la lutte contre la pauvreté, de la restauration de la dignité des exclus et en même temps de la protection de la nature."

Par conséquent, les idées décrites s'adressent à ceux qui ont peu de ressources naturelles, des problèmes sociaux et des restrictions financières. Si vous n'êtes pas dans l'une de ces catégories, vous pouvez les utiliser facilement, voire les améliorer, selon vos besoins. Tout ce que vous sauverez de la nature sera bon pour les autres.

En raison de conditions environnementales difficiles, certaines personnes vivent aujourd'hui, comme les sécheresses, l'exposition aux risques biologiques ou la famine, la construction d'une éco-maison améliore considérablement leurs chances de survie et, plus important encore, peut restaurer leur dignité.

De quoi a besoin une maison écologique ? Il doit au moins permettre la possibilité de satisfaire les besoins principaux de tout être humain, qui sont :

- un abri protecteur ;
- eau potable ;

- ressources énergétiques ;
- aliments nutritifs ;
- air respirable ;
- faire partie d'une famille et d'une communauté ;
- croire à la transcendance et à la salvation.

Les principaux besoins de l'être humain ne changeront jamais, mais les méthodes pour les atteindre varient. C'est pourquoi certaines idées fonctionneront très bien à certains endroits, et moins bien à d'autres. N'hésitez pas à adapter nos suggestions à vos besoins spécifiques. L'adaptation est essentielle pour la survie de toute espèce.

Les cinq premiers besoins sont physiques et les deux derniers sont spirituels. Notre travail montrera comment avoir un abri respectueux de l'environnement avec de l'énergie, de l'eau et de la nourriture. L'air pur ne se trouve que loin des villes, où il y a des forêts. Les besoins spirituels ne peuvent être trouvés qu'à l'intérieur d'une famille et à l'intérieur de vous-même (plusieurs informations dans le livre *Man's search for Meaning,* par Viktor Frankl. Nous vous conseillons de rechercher quelle doctrine est la vraie salvation et d'éviter les faux prophètes et promesses.

Bien qu'une famille et une communauté ne soient pas faites de matériaux solides, leurs liens (c'est-à-dire père-mère-enfants, qui ne changeront jamais) sont nécessaires à toute personne qui recherche la paix, les valeurs morales, l'épanouissement spirituel et le bonheur. De plus, chacun de ses résidents doit être protégé du désespoir lorsque les choses ne se passent pas selon le plan. De plus, chaque être humain a besoin de croire en quelque chose qui le dépasse, et tout ce qui se passe dans sa vie est temporaire, mais la salvation est éternelle.

Certes, une famille bien structurée bénéficiera d'une maison bien structurée, où les parents pourront vivre en paix et élever leurs enfants. De plus, les enfants apprendront facilement tous les concepts liés aux sciences naturelles, car ils en feront l'expérience tous les jours.

Enfin, nous avons découvert que lorsqu'elles sont mises en œuvre, de nombreuses excellentes idées ne fonctionnent tout simplement pas. Ex :

les canalisations d'eau de pluie dans le nord-est du Brésil ou les abris en Afrique subsaharienne posent des défis uniques. Nous travaillerons dans le pire des cas, donc :

- Ne comptez sur aucun soutien du gouvernement. De cette façon, votre soutenabilité ne dépendra pas des politiciens, des lobbyistes, des fonds gouvernementaux ou autres. Néanmoins, le travail coopératif est toujours important et le travail en groupe fait partie de notre vie sociale ;

- Croirez que vivre n'est pas seulement survivre, mais vivre dans la dignité et la sécurité. Donc, avoir de l'espace et des murs solides n'est pas superflu. Posez-vous la question : “Voudriez-vous vivre dans une maison aux murs fins et ne pouvant accueillir que deux personnes ?” ;

- Croirez que les idées et les solutions simples coûtent moins cher. Un panneau solaire n'est pas accessible à tout le monde dans le monde, et même s'ils l'étaient, qui paierait pour cela ? C'est bien de respecter l'environnement, mais combien le paieriez-vous ? Il n'est pas raisonnable de payer 50 % de plus pour une pomme organique.

Un concept très simple de soutenabilité consiste à retirer à la nature ce que vous lui redonnez. Prendre est facile et inévitable (nourriture, eau, énergie, ressources naturelles) mais si vous en prenez moins, vous devrez en donner moins pour être soutenable.

Façons de ne pas prendre grand-chose à la nature :

- ne gaspillez pas la nourriture, même si elle n'est pas propre à la consommation (ne la mangez pas cependant) ;

- recycler et réutiliser l'eau, surtout quand il ne pleut pas beaucoup ;

- produire le moins possible de dioxyde de carbone, de méthane et d'autres gaz à effet de serre ;

- utiliser des énergies renouvelables (air, eau, solaire, etc.) ;

- ne gaspillez pas les matériaux utilisés pour la construction.

Façons de redonner ce que la nature vous a fourni :

- planter des arbres facilement adaptables au climat, de manière à produire de l'oxygène et à absorber le dioxyde de carbone ;

- utiliser autant d'objets récupérés (plastique, métal, etc.) que possible ;

- essayez autant que possible d'aider avec les cycles de la nature (le cycle de l'eau fait partie du projet, et vous pouvez facilement trouver que le cycle alimentaire peut aussi être aidé).

L'image ci-dessous est une manière simple de montrer comment nous pouvons garder notre relation avec l'environnement (vous verrez que l'idée de ce livre est née d'un projet d'école). Tant que le flux de ressources (flèches rouges) se poursuit, les cycles sont respectés et la personne peut affirmer qu'elle a une vie soutenable. Si le cycle ne se déroule pas correctement (évaporation, photosynthèse des arbres, absorption d'eau dans le sol), certaines parties de celui-ci sont surchargées au profit de la personne.

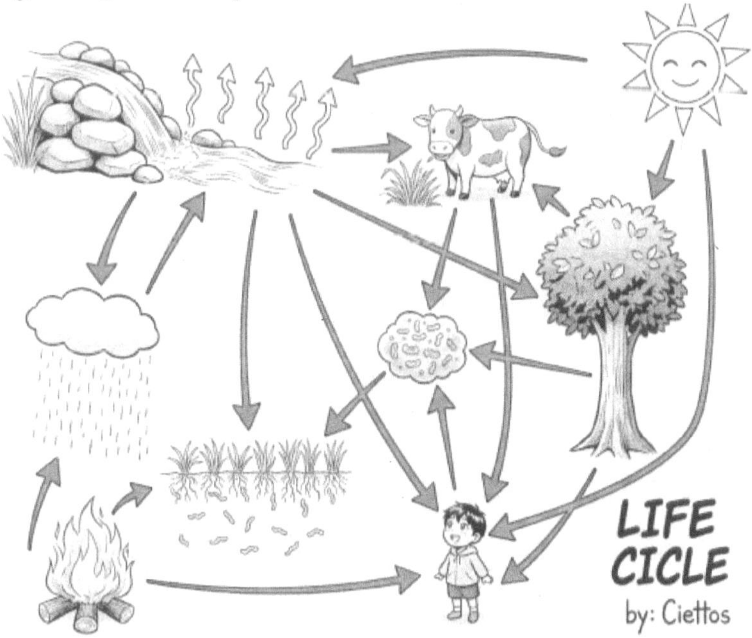

La soutenabilité est un processus, et la meilleure façon de mettre les idées en pratique est progressivement. Alors ne devenez pas radical, ne jetez pas votre nouvelle voiture ou votre nouvelle cuisinière à gaz, jusqu'à ce qu'ils soient usés (alors il est temps d'avoir une voiture fonctionnant à l'électricité ou à l'éthanol, et une cuisinière électrique ou au biogaz).

Néanmoins, sachez que devenir durable demande du temps, de l'argent et du travail. Mais quand vous y parviendrez, vous serez libre. Pas totalement indépendant, mais le gouvernement n'affectera pas autant votre vie et votre famille. La liberté est l'objectif de chaque être humain, et travailler et se battre pour elle vaut chaque seconde, chaque centime ou chaque sueur dépensée.

Abri

Dans une situation de survie, une personne peut d'abord essayer de trouver de l'eau ou de la nourriture. Néanmoins, dans un refuge, il sera à l'abri de nombreux dangers et pourra satisfaire plus facilement ses autres besoins. Le manque de logement convenable est le problème le plus notoire dans les pays pauvres, et de là vient l'utilisation excessive d'autres ressources (plus d'énergie pour refroidir les maisons mal isolées, l'eau polluée par toutes sortes de déchets envoyés directement au sol, etc.). Le manque de logements est également une cause importante de désorganisation des familles.

Trouver un endroit pour construire une maison dans une zone urbaine peut être difficile, en raison du coût élevé du terrain, mais il est beaucoup plus sûr de construire votre maison écologique dans une petite zone sûre qu'un endroit plus grand avec des risques d'inondation ou d'autres catastrophes naturelles. En outre, les personnes qui vivent dans les zones rurales peuvent souhaiter plus d'espace pour l'agriculture.

Nous avons conçu une maison basée sur une propriété de 175 m^2, basée sur les coûts réels et la législation locale dans de nombreuses villes des pays pauvres. Une propriété de 7 x 25 m est généralement le minimum disponible, et il suffit de quatre à cinq personnes pour vivre dans de bonnes conditions (35 à 43 m^2/personne).

Si votre espace mesure plus de 7 x 25 m, utilisez l'espace supplémentaire pour planter des arbres ou tout ce qui est comestible, mais soyez prudent lorsque vous choisissez les plantes, certaines peuvent attirer des animaux venimeux, ou les racines peuvent pousser horizontalement et affecter le bâtiment. De plus, ne plantez pas d'arbres qui pousseront à plus de 8 mètres et ombrageront le toit avec les panneaux solaires.

La maison peut éventuellement être utilisée pour encore plus de personnes, car dans les pays pauvres, il est courant qu'une quinzaine de personnes ou plus vivent sous le même toit. Ce n'est pas la situation idéale, mais le pire des cas auquel nous voulons faire face.

Certes, cet espace n'est plus disponible à New York, Sao Paulo ou Tokyo, où plus de 500 personnes vivent dans un immeuble de 1 000 m^2 de terre. Ce mode de vie (2 m^2/personne) nécessite beaucoup d'énergie et de ressources, et est loin d'être soutenable. Pour ceux qui se trouvent dans cette situation, l'utilisation des idées sur l'eau et l'énergie expliquées ci-dessous est de la plus haute importance.

Nous considérons également que l'endroit n'a pas de services d'énergie, d'eau ou d'égouts. S'ils le font, il est très probable qu'ils ne seront ni soutenables ni fiables, il est donc préférable de penser à vivre hors du réseau.

La maison conçue ci-dessous est très simple, et vous pouvez l'adapter à vos besoins. Mais rappelez-vous que la réutilisation et le recyclage de l'eau utilisent la gravité pour fonctionner. Si possible, construisez l'axe principal dans le sens est-ouest, et le toit inférieur orienté au nord (hémisphère sud) ou au sud (hémisphère nord) afin de chauffer l'eau utilisée pour produire de l'énergie.

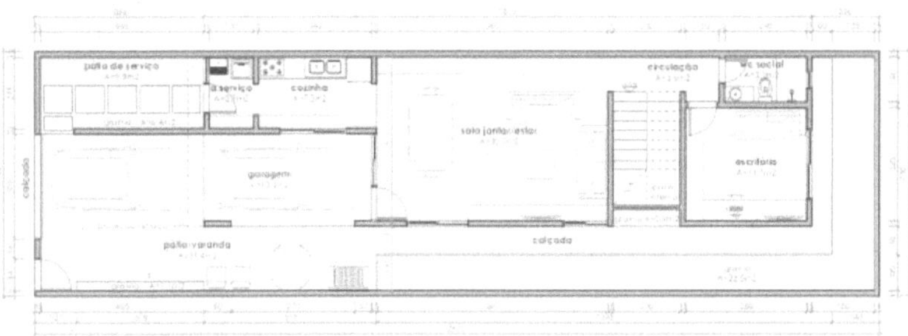

pavimento térreo
esc. 1:100

QUADRO DE ÁREAS		
área do terreno	175.0 m2	
área pavimento térreo	89.1 m2	
área do pav. superior	75.0 m2	
área total construída	164.1 m2	
ocupação	89.1 m2	50.9%
índice de aproveitamento	164.1 m2	93.8%
área permeável	30.7 m2	17.5%

Rogério Cietto 01/02 Juida Zamecki Andrade ARQUITETURA

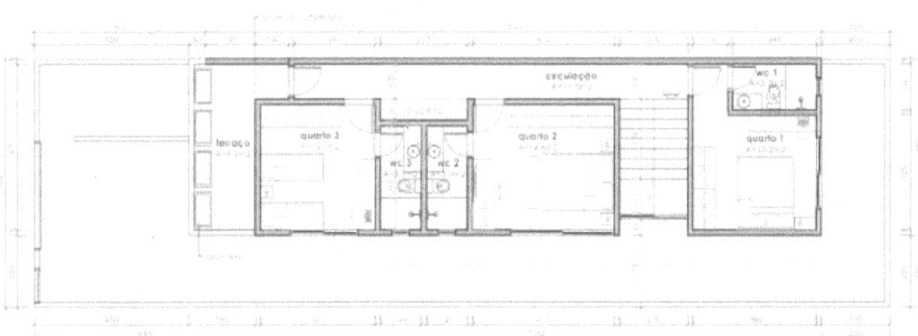

pavimento superior
esc. 1:100

Rogério Cietto 02/02 Juida Zamecki Andrade ARQUITETURA

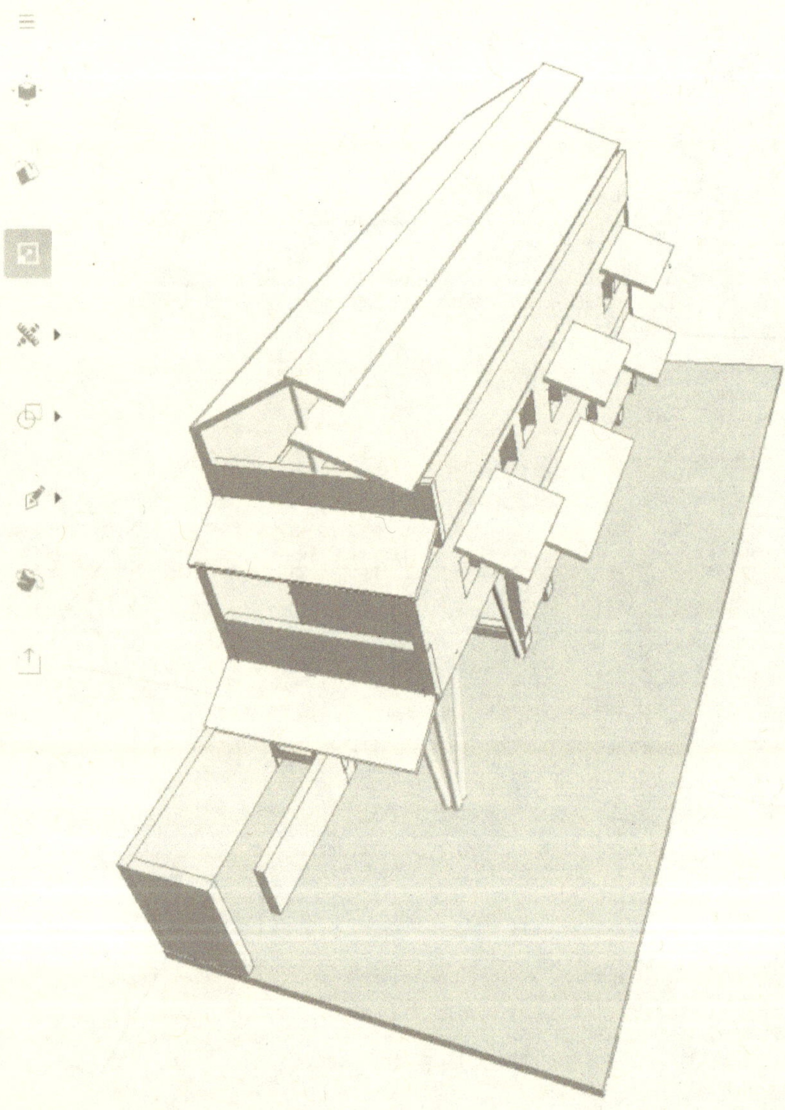

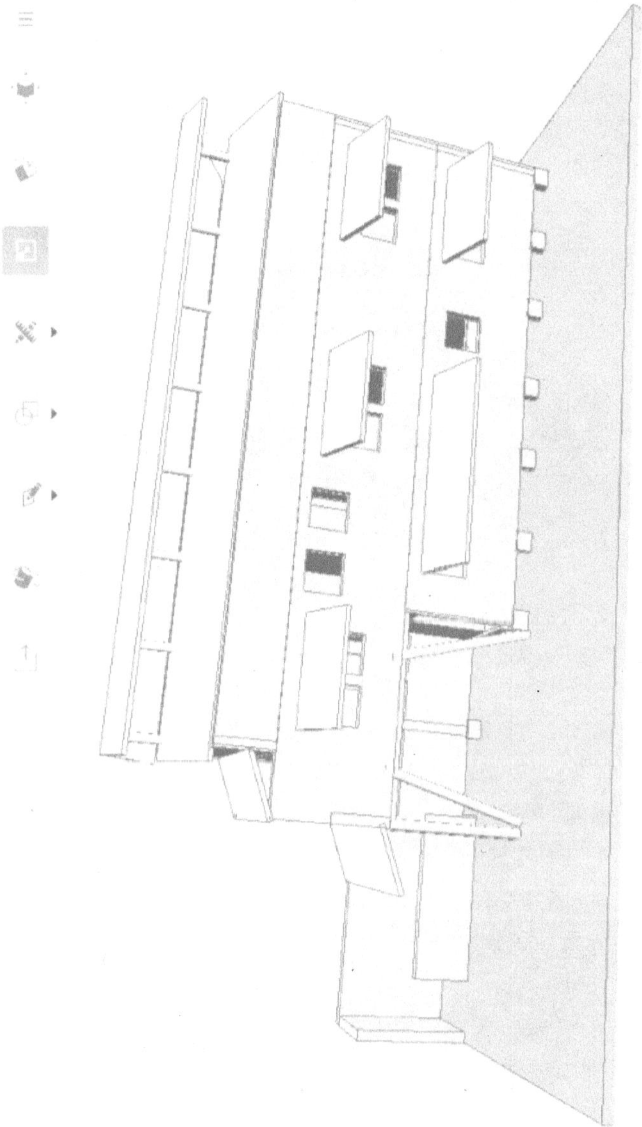

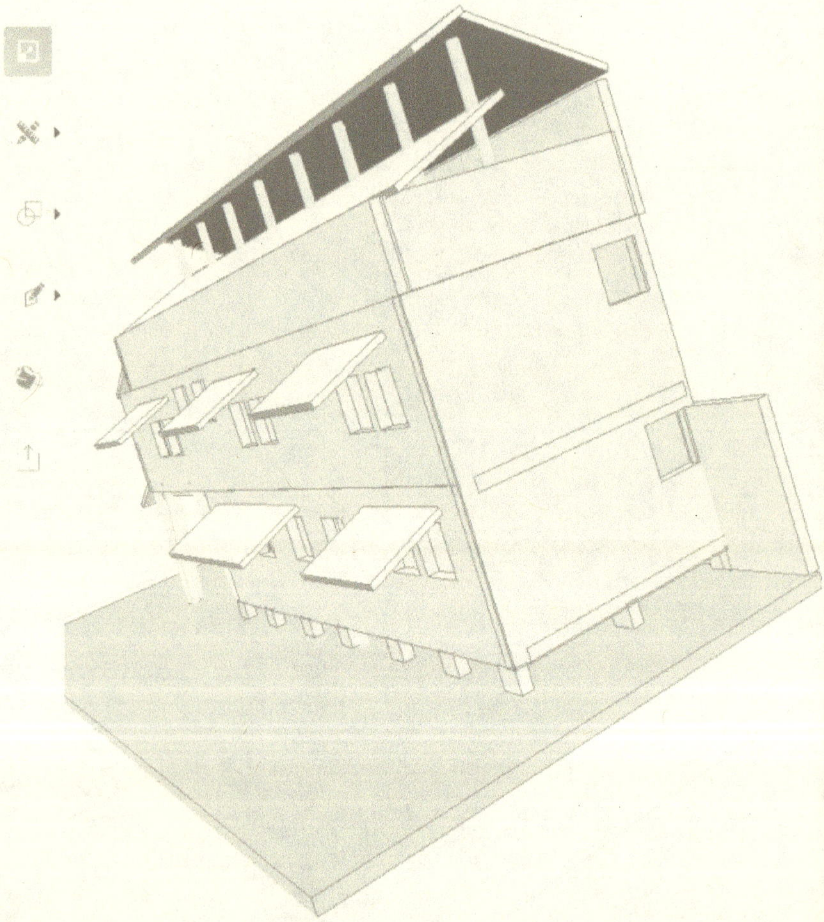

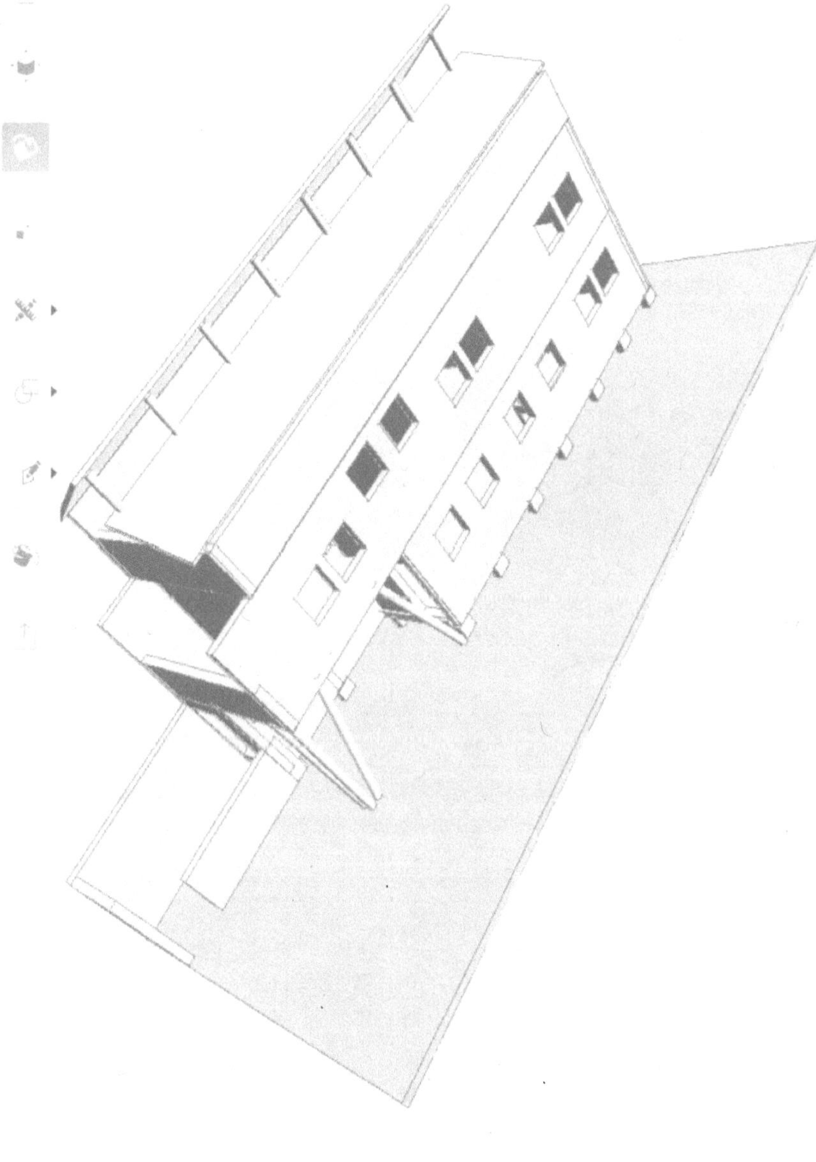

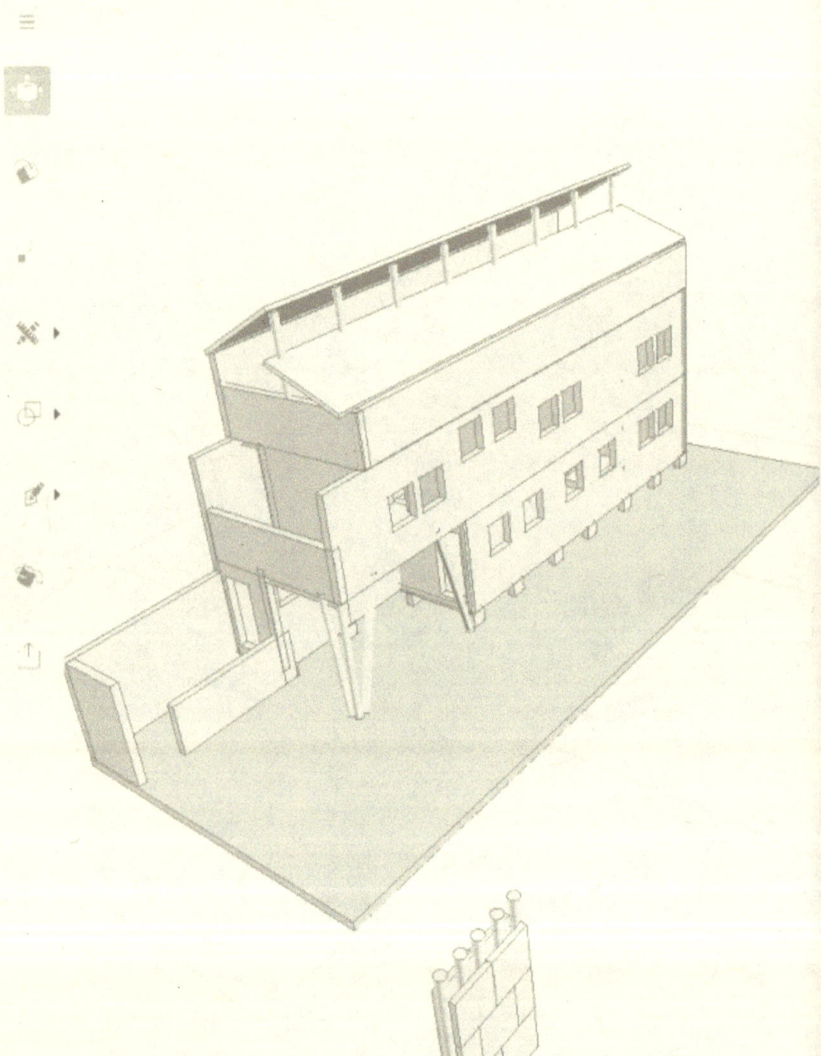

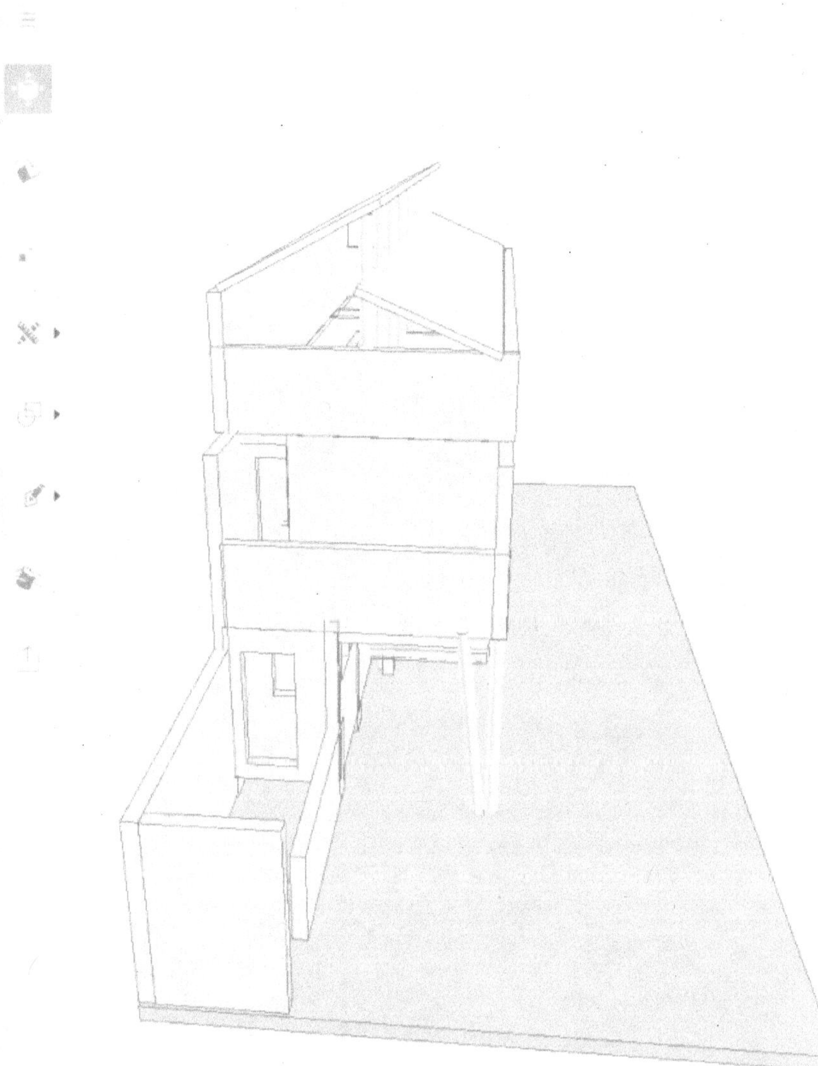

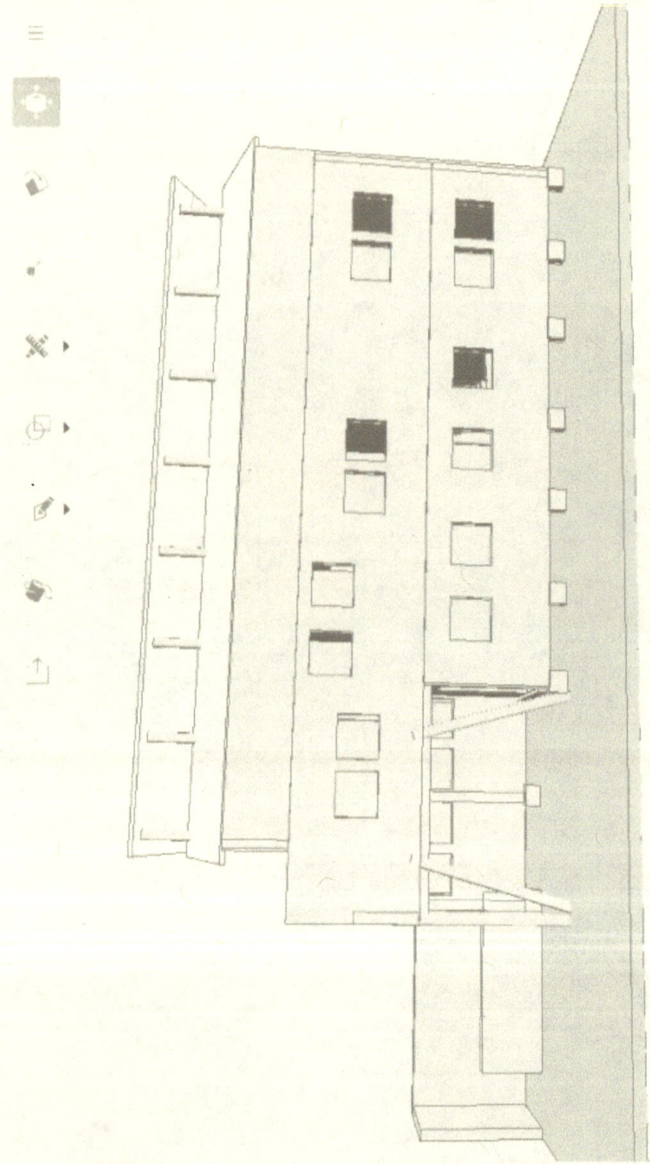

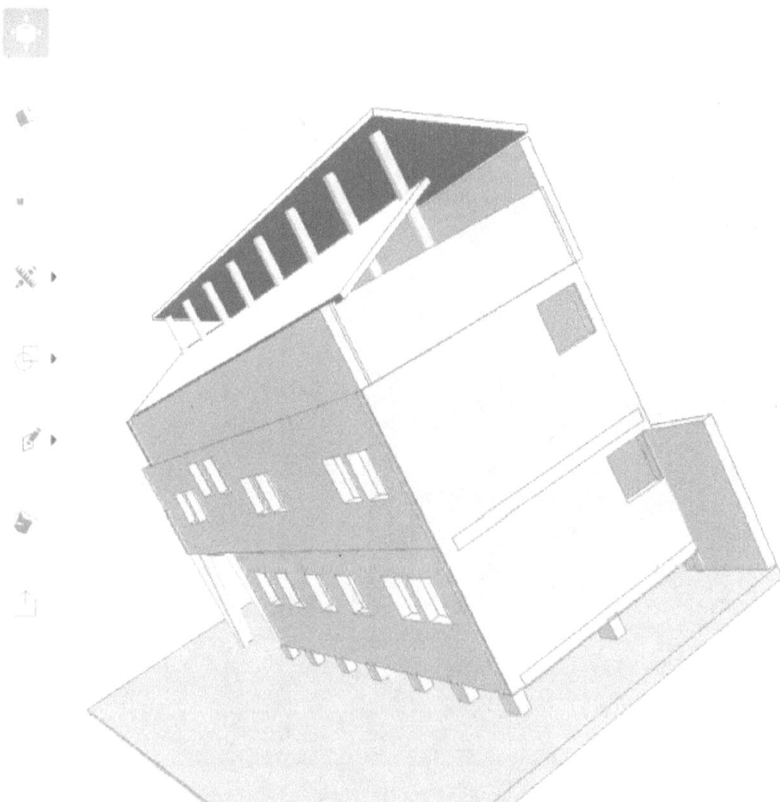

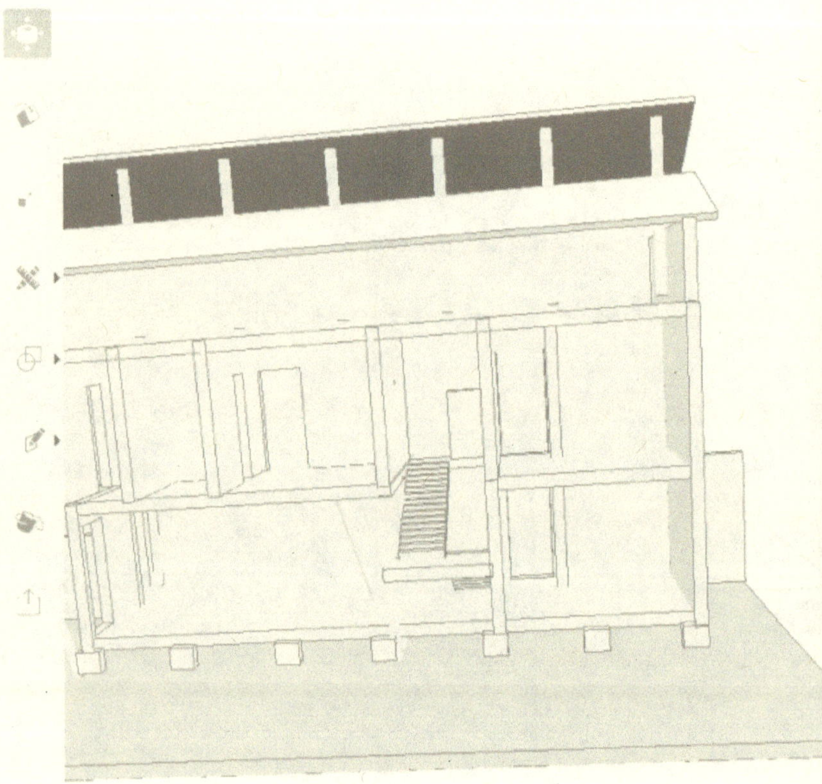

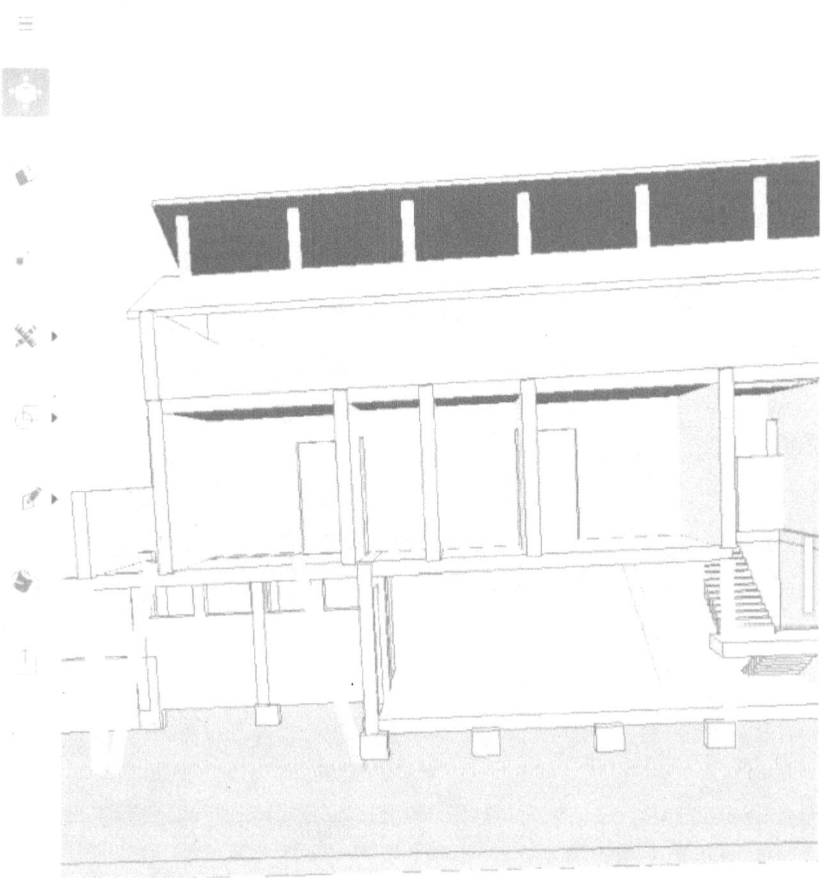

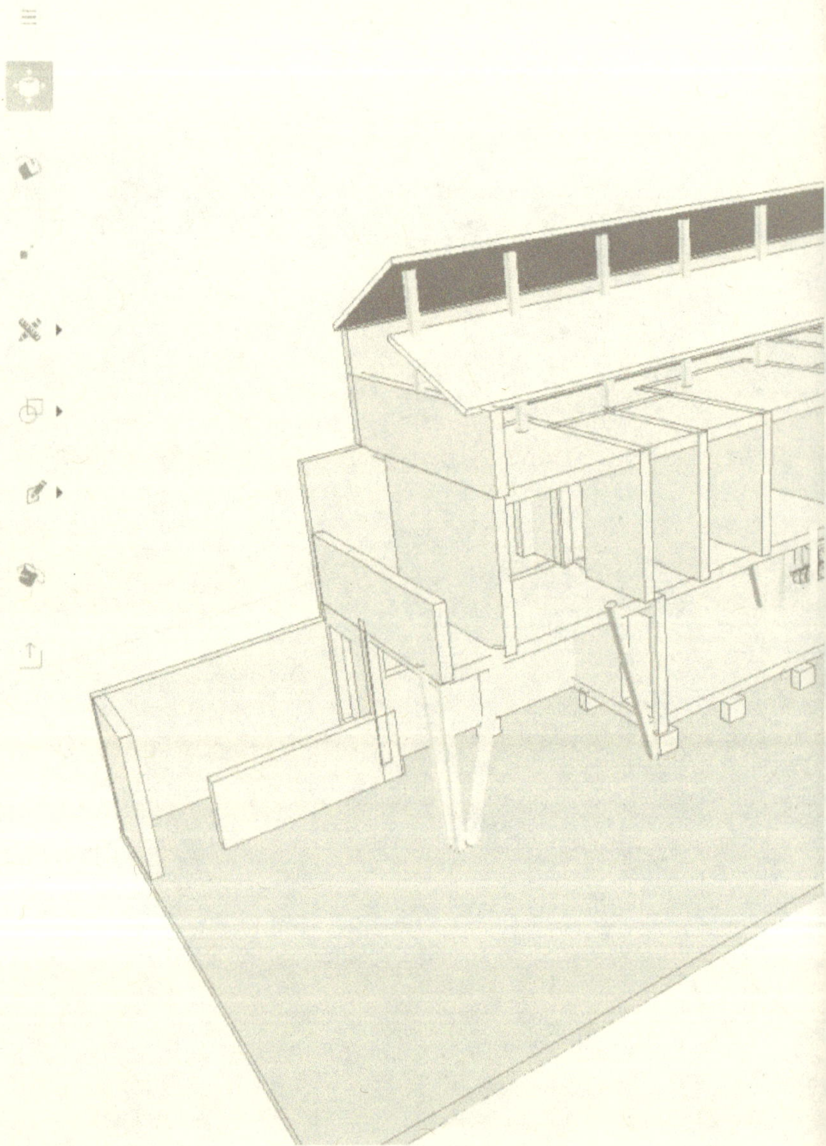

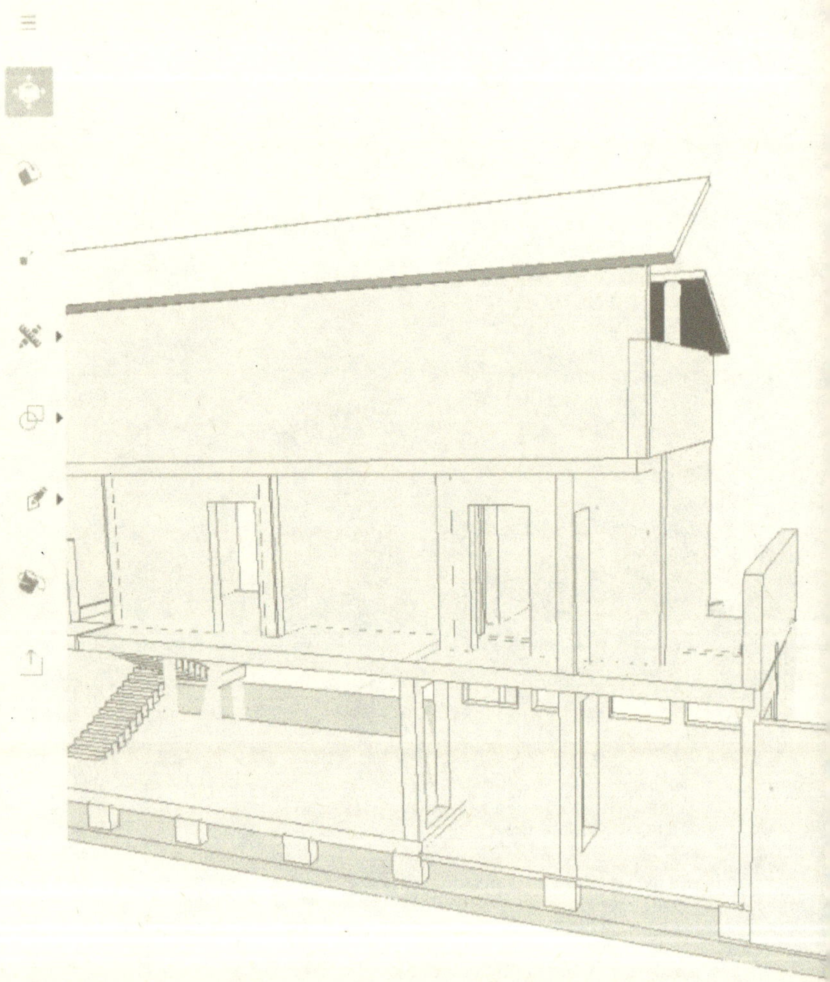

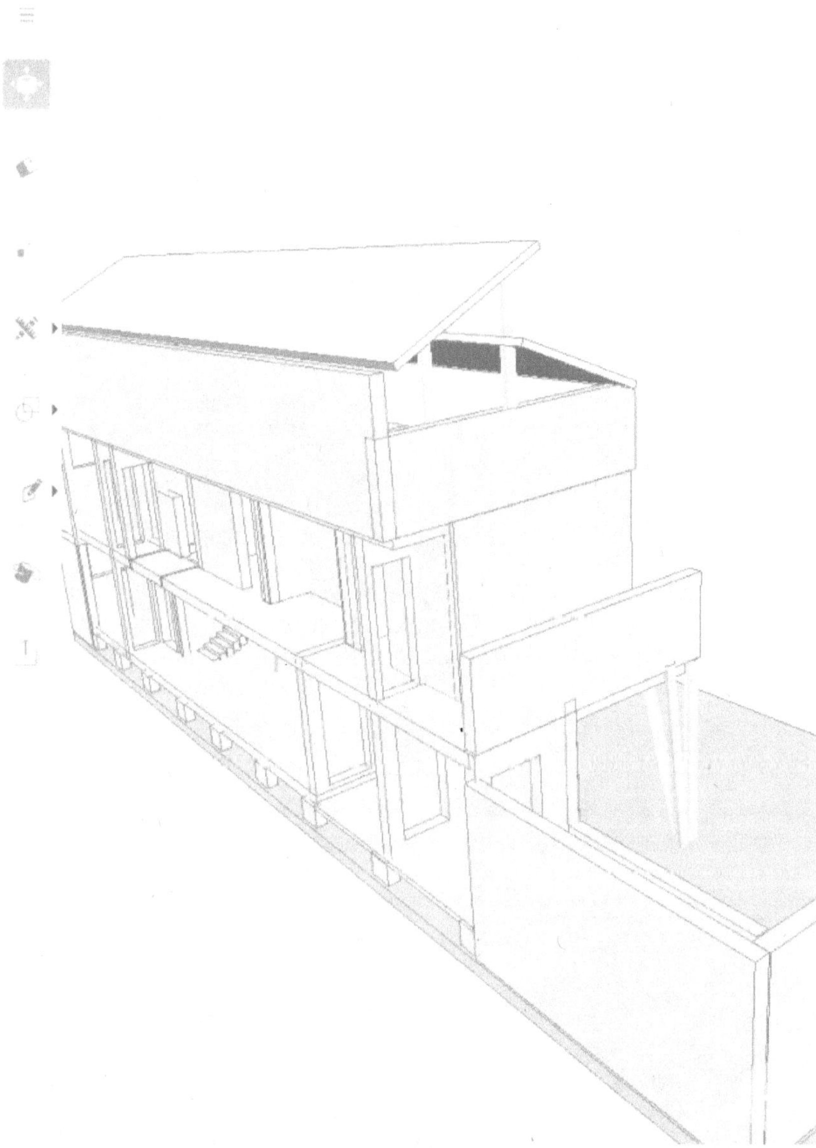

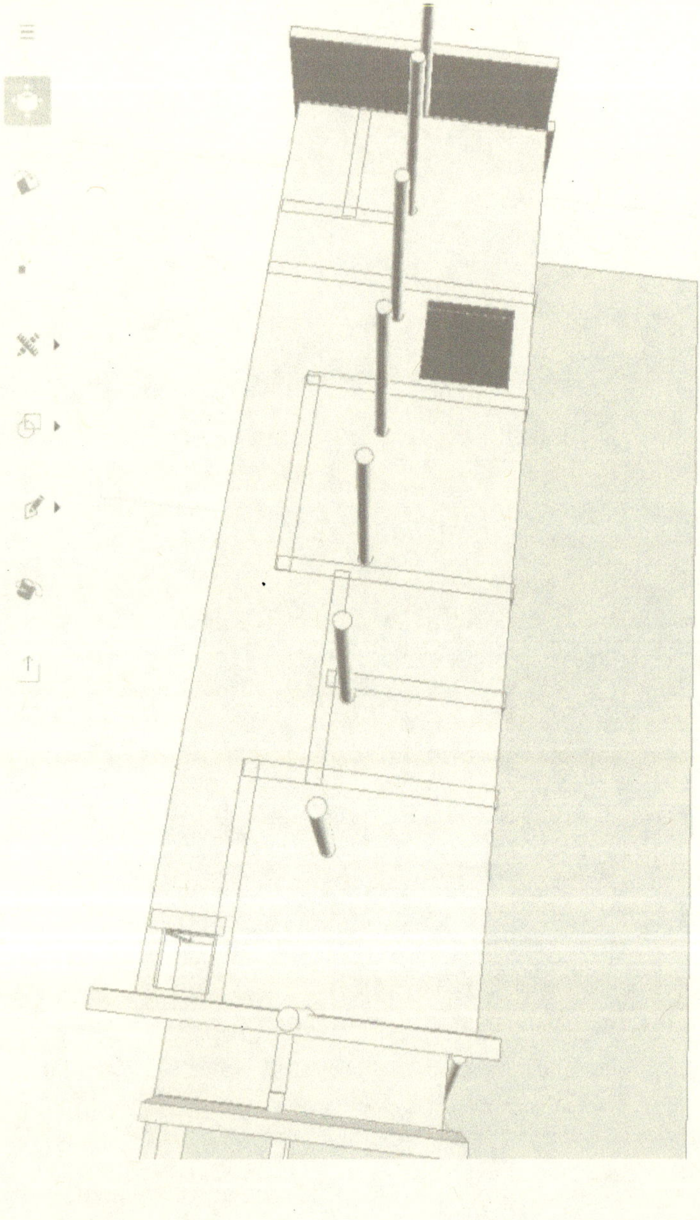

Les fenêtres principales doivent être orientées au sud ou au nord selon l'endroit où vous souhaitez construire, en suivant le côté du toit inférieur.

Dans l'hémisphère nord, les fenêtres doivent être orientées vers le sud et dans l'hémisphère sud, les fenêtres doivent être orientées vers le nord. Les images suivantes montrent la position de la maison en fonction de la latitude (Ligne de l'équateur en rouge, Tropiques en vert).

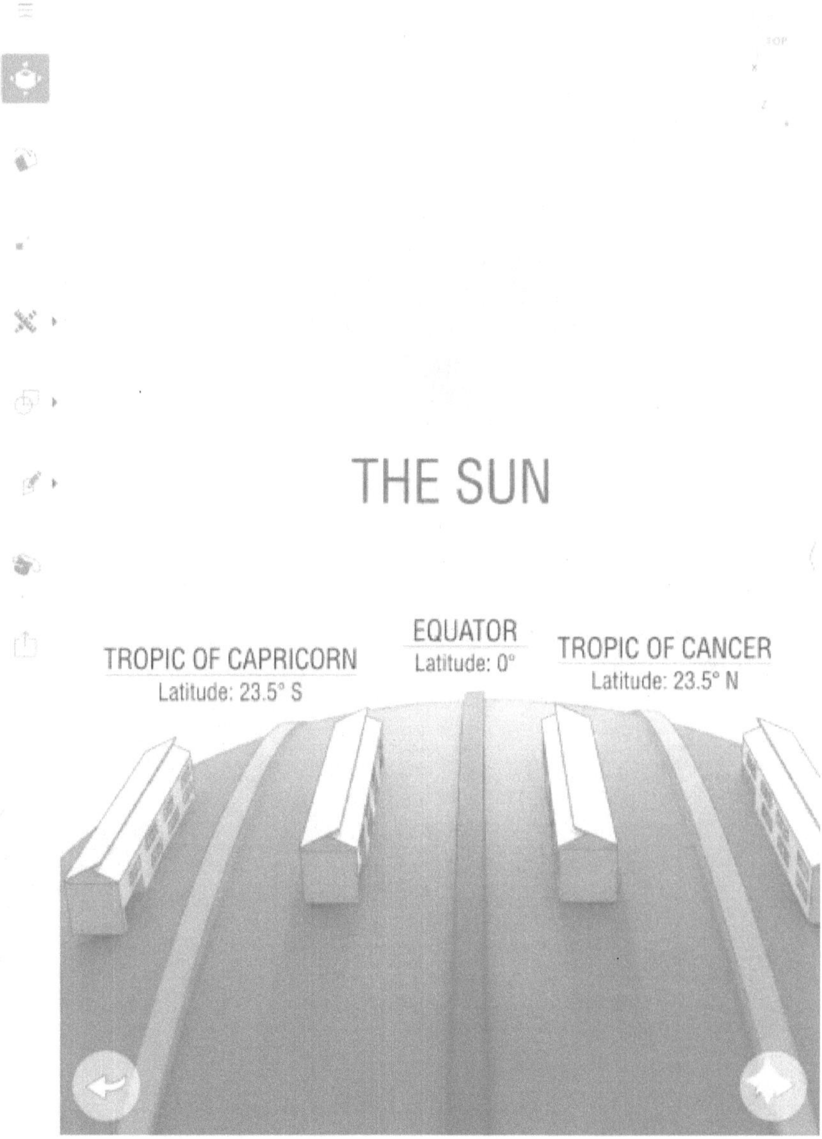

Si le mur avec des fenêtres est proche d'un autre mur ou de votre voisin, il est important de peindre ce mur opposé aux fenêtres en blanc, afin de permettre un bon éclairage de la maison. Si possible, construisez le mur avec des fenêtres espacées **d'au moins six mètres d'un autre mur**, permettant un éclairage adéquat et une zone pour planter de grands arbres.

Rez-de-chaussée : garage, salon, salle à manger, cuisine, buanderie, jardin d'hiver, toilettes, bureau, escalier pour le premier étage et cour arrière.

Plantez quelque chose d'aromatique au jardin d'hiver. Le jardin d'hiver et une partie des escaliers sont ouverts jusqu'au toit, pour une bonne ventilation et un certain éclairage.

Tous les déchets organiques secs sont brûlés dans le four à l'arrière de la maison, créant de l'énergie pour faire bouillir l'eau, la purifiant. La vapeur est utilisée pour faire fonctionner un générateur électrique au deuxième étage. S'il n'y a pas assez de matériau brûlant, utilisez le biogaz du biodigesteur ou une résistance électrique pour faire bouillir l'eau (vous avez besoin d'un générateur manuel pour le faire fonctionner, ou utilisez-le quand il n'y a rien d'autre ; vous pouvez également utiliser un cadre de vélo pour faire fonctionner le pédalage du générateur). Lorsque la vapeur atteint le toit, elle fait tourner un générateur électrique, se condense et est stockée dans le ballon d'eau chaude.

Les déchets organiques humides (ex. les restes) peuvent être mis à la terre et envoyés à l'évier. Il va au réservoir d'eaux usées afin de produire du biogaz et de fertiliser le sol. C'est bien d'avoir un triturateur dans l'évier de la cuisine.

Les matériaux recyclés doivent être séparés et réutilisés, si possible. Des bacs de différentes couleurs et un peu de discipline sont tout ce dont vous avez besoin.

Il y a deux réservoirs pour les eaux usées : l'un est pour la machine à laver, vous pouvez utiliser les eaux grises de celle-ci (en fait c'est bleu, donc vous pouvez l'appeler eau bleue) pour arroser vos plantes, laver votre terrasse, garage, etc. Cette eau usée est aussi un bon pesticide, mais il ne tue pas les mauvaises herbes.

Le reste des eaux usées (cuisine, toilettes, salles de bains) va dans un autre réservoir. Par décantation, les liquides (en haut) vont dans un autre réservoir, situé au-dessus du four à l'arrière de la maison, pour être bouillis, envoyés sous forme de vapeur pour faire tourner un générateur électrique au deuxième étage et condensés pour être utilisés dans le ballon d'eau chaude.

Les eaux grises restantes vont dans un biodigesteur inodore pour produire du biogaz, qui peut être envoyé à la cuisinière ou également envoyé au four, pour faire bouillir l'eau servie. Il est important de construire le biodigesteur à proximité de la cuisine (mais à cinq mètres du poêle) et le four à l'arrière de la maison, afin que le biogaz produit et le four soient éloignés l'un de l'autre. Près du biodigesteur, vous pouvez utiliser un autre réservoir pour collecter le bio digestat (le produit restant de la bio digestion) et l'utiliser comme engrais, ou l'envoyer au fossé.

Première étage : chambre principale avec salle de bain, escalier et deux chambres simples, chacune avec salle de bain. Les fenêtres peuvent avoir un revêtement pour se protéger du soleil pendant l'été, et dans les régions à climat chaud, les fenêtres doivent toujours être contre le soleil.

Deuxième étage : des citernes pour récupérer l'eau de pluie sont installées à chaque coin, au total quatre (il est plus facile et moins cher d'avoir quatre citernes avec de l'eau prête à l'emploi qu'une grande citerne au sol). Il y a aussi deux réservoirs d'eau chaude et trois générateurs d'énergie. Les réservoirs d'eau froide peuvent être interconnectés, afin de partager leur capacité (capillarité). L'eau froide doit éventuellement être envoyée jusqu'au ballon d'eau chaude, utilisez donc une pompe électrique avec un capteur.

Il est également important de respecter les lois locales lors de la conception de votre maison. Une exigence commune est qu'au moins 20% de la superficie totale ne soit pas construite (zone verte). Le garage et la cour arrière offrent suffisamment d'espaces ouverts pour atteindre les 20%. Tel qu'il est présenté, le projet a environ 164 m^2 de surface construite (89 m^2 de terrain occupé) et 30 m^2 de surface perméable (espace vert) plus une terrasse perméable. Si votre propriété mesure plus de 7 x 25 m, suivez simplement le design et il y aura beaucoup de zone verte.

Les matériaux utilisés varient selon la disponibilité locale. Nous supposons que n'importe où dans le monde, une personne peut trouver des bambous, une plante très polyvalente et durable, lorsqu'elle est traitée. Le traitement du bambou au borax est considéré aujourd'hui comme le plus adéquat pour l'usage humain et pour l'environnement. Un autre avantage de l'utilisation du bambou est la capacité de croissance de la plante et la régénération du sol. Vous pouvez également utiliser du bois, des briques ou d'autres matériaux renouvelables, mais ils peuvent être plus chers.

Les bambous adéquats pour la construction comprennent les espèces Guadua Angustifolia et Dendrocalamus Asper, ils sont faciles à planter et s'adaptent bien aux climats tropicaux. Après traitement, les bambous doivent être sélectionnés en fonction de la largeur de leurs parois. Des murs épais (>1 cm) doivent être utilisés comme structures, et les autres divisés en bandes et collés en deux couches, une horizontalement et une verticalement, ce qui en fait un produit appelé Bambou Tranché Collé (BTC). Des bambous trop fins pour le BTC peuvent être utilisés pour relier deux morceaux de bambou, les mettre à l'intérieur et les fixer. Utilisez une perceuse et des boulons pour fixer les pièces et construire les structures des murs et des sols. Utilisez des tuyaux ou des barres métalliques pour connecter les bambous dans les poutres et les colonnes.

Bien que la couverture en bambou offre une bonne protection contre le soleil et la pluie, il est important d'appliquer une couche de vernis imperméable ou de couverture en plastique liquide imperméable sur les pièces enterrées ou les plus exposées aux intempéries, afin de prolonger la durée de vie de toute la construction.

Ceci est un exemple d'assemblage de pièces de bambou et de BTC afin de construire des murs et des sols. Tous les GLB mesurent 1 m x 1 m et les morceaux de bambou mesurent 3 m x 20 cm. Pour installer une fenêtre, il vous suffit de démonter (ou de laisser ouvert) un GLB, et de renforcer le cadre. Pour les portes, ouvrez deux ou plusieurs pièces BTC. Lors de l'assemblage, utilisez des matériaux plus résistants pour les poutres et les colonnes (épaisseur de paroi de 1 cm ou plus).

Avantages de cet assemblage : il est très facile à construire, à entretenir et à réparer ; l'installation et l'entretien des tuyaux et des fils sont encore plus faciles ; un système de refroidissement efficace est créé, de sorte que l'air chaud monte en continu dans les espaces ouverts à l'intérieur des murs, laissant le côté intérieur suffisamment frais même dans la chaleur de la région de la forêt amazonienne. Pour les régions à climat froid, vous devez remplir les espaces vides avec de l'argile, de la mousse ou un autre matériau isolant.

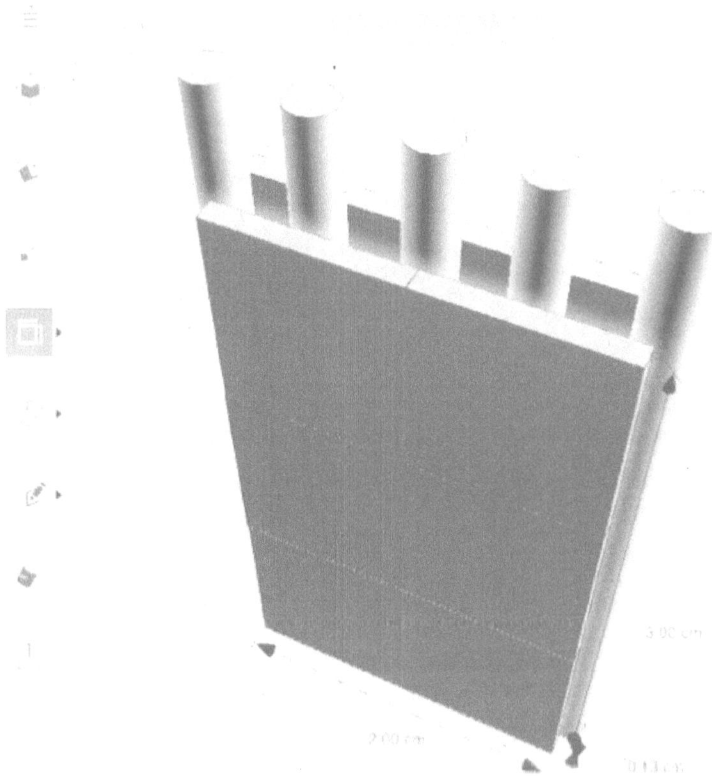
3.00 cm
2.00 cm

This is... artisanal split bamboo wall...
This is... artisanal split bamboo wall...
SHIII
BAMBU-
What a unique bamboo structure!

This is... artisanal split bamboo wall...
This is... artisanal split bamboo wall...
SHIII
BAMBU-
What a unique bamboo structure!

Les plastiques, l'argile ou d'autres tissus offrent également une bonne isolation, importante pour empêcher la chaleur d'entrer en été et de sortir en hiver. Les portes et les fenêtres doivent également avoir une bonne isolation. Ne comptez pas sur la climatisation pour refroidir ou chauffer votre maison, simplement parce qu'elle est moins chère à construire. Le coût sera beaucoup plus élevé pour le garder habitable.

Eau

L'eau peut être trouvée sous terre, mais le forage de la fosse peut être très coûteux et l'eau que vous prenez doit être pompée vers le haut. Une solution plus simple consiste à collecter l'eau de pluie, disponible même dans les terres arides comme la savane sèche du nord-est brésilien.

Le recyclage de votre eau récupérée est une autre façon d'avoir cette source importante, et c'est un must pour une vie durable dans des endroits sans services d'égouts durables disponibles. En outre, utiliser moins d'eau aidera. Par exemple, des toilettes avec deux options : petit flux et grand flux.

L'eau récupérée doit être bouillie ou filtrée avant utilisation. Plus vous en utilisez, plus vous aurez besoin de nettoyer. Par conséquent, il est judicieux de réutiliser l'eau (de la douche aux toilettes, et de la machine à laver pour arroser les plantes et nettoyer l'extérieur de la maison).

L'eau récupérée est bouillie en utilisant deux sources : les restes organiques secs, le papier non recyclable et le biogaz du biodigesteur sont brûlés en dessous (elle pollue beaucoup moins qu'en attendant la biodégradation, et elle est considérée comme durable si elle ne peut pas être recyclée), et également un radiateur électrique ou résistance (alimenté par un générateur d'énergie manuel, adaptez-le à un cadre de vélo).

La production d'énergie peut être supérieure à la consommation pendant la journée, donc cette énergie supplémentaire peut être utilisée pour chauffer l'eau servie et faire monter la vapeur. Étant donné que le système ci-dessus utilise de l'eau chaude pour produire de l'électricité, c'est un moyen très simple de stocker de l'énergie (l'énergie potentielle sous forme de pression d'eau est stockée dans les réservoirs d'eau chaude et devient de l'énergie électrique si nécessaire).

Utilisez toujours du savon et du détergent avec des tensioactifs biodégradables (spécialement avec la glycérine, les bactéries du biodigesteur vont augmenter la production de biogaz avec elle), ainsi les restes du système de recyclage de l'eau peuvent être utilisés (le biogaz est produit dans le biodigesteur, et envoyé sur la cuisinière ou pour faire bouillir l'eau servie) et comme engrais. Les déchets organiques doivent être broyés et envoyés à l'évier. Filtrez toute l'eau utilisée, car le chlore empêchera les bactéries anaérobies de produire du biogaz.

Ne jamais utiliser de soude caustique (hydroxyde de sodium) pour déboucher les éviers et les drains, ce produit chimique ruinera le biodigesteur et nécessitera un nettoyage complet des réservoirs afin de générer à nouveau du biogaz.

Si vous finissez par produire trop d'eau récupérée, vous devrez peut-être la renvoyer, alors construisez un fossé dans la cour, mettez des roches au fond pour filtrer l'eau des débris, et à côté, plantez autant de plantes consommatrices d'eau que possible. Mais utilisez-le en dernier recours, uniquement si vous ne pouvez pas recycler l'eau ou s'il pleut trop.

En plus d'utiliser quatre réservoirs d'eau au deuxième étage, ou dans des endroits secs avec de courtes pluies, il s'agit de construire une citerne au premier étage et d'utiliser une pompe à eau pour l'envoyer au réservoir d'eau pour utilisation. Construisez-le dans le jardin, ouvert en haut, au-dessus du fossé, et utilisez du chlore pour le garder propre (comme une piscine).

Vous pouvez jeter de l'huile / graisse animale ou végétale sur l'évier (jamais d'huile minérale), elle sera bien consommée par les bactéries anaérobies, mais n'en envoyez pas trop. Vous pouvez également l'utiliser pour faire du savon (mélangez-le avec de l'hydroxyde de sodium, alias soude caustique, et un sirop avec des feuilles ou des écorces aromatiques (bambou, pin, cyprès d'eucalyptus et similaires sont également de bons agents antibactériens). Ou tout simplement le brûler, si vous n'avez pas le temps.

Laundry Powder
Softener
The water is collected ...
...and filtered
Wash Cycle
...and ready to use for the next load!
It's a lot of work, but it's important!
Washing Bucket - Cleaned Water

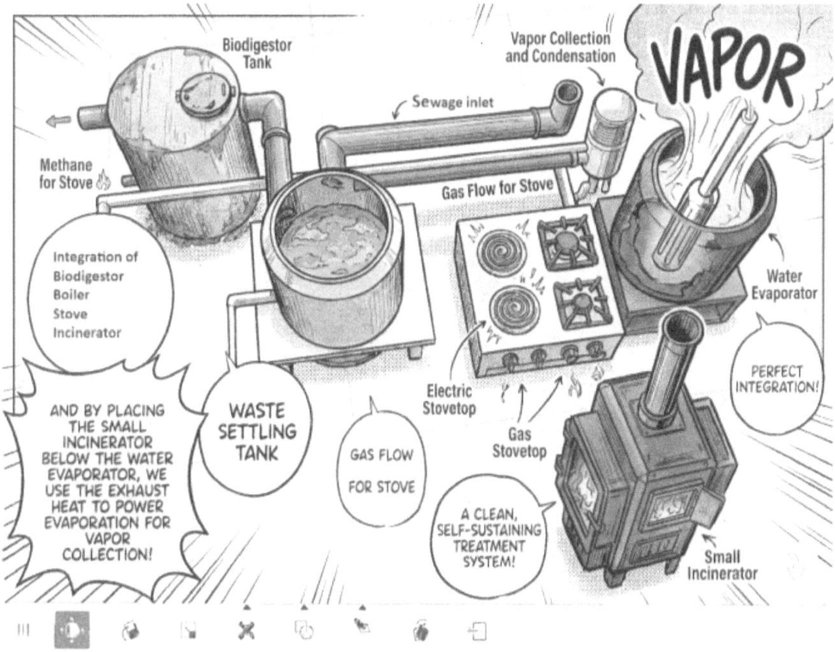
Biodigestor Tank
Sewage inlet
Vapor Collection and Condensation
VAPOR
Methane for Stove
Gas Flow for Stove
Integration of Biodigestor Boiler Stove Incinerator
Water Evaporator
Electric Stovetop
Gas Stovetop
PERFECT INTEGRATION!
AND BY PLACING THE SMALL INCINERATOR BELOW THE WATER EVAPORATOR, WE USE THE EXHAUST HEAT TO POWER EVAPORATION FOR VAPOR COLLECTION!
WASTE SETTLING TANK
GAS FLOW FOR STOVE
A CLEAN, SELF-SUSTAINING TREATMENT SYSTEM!
Small Incinerator

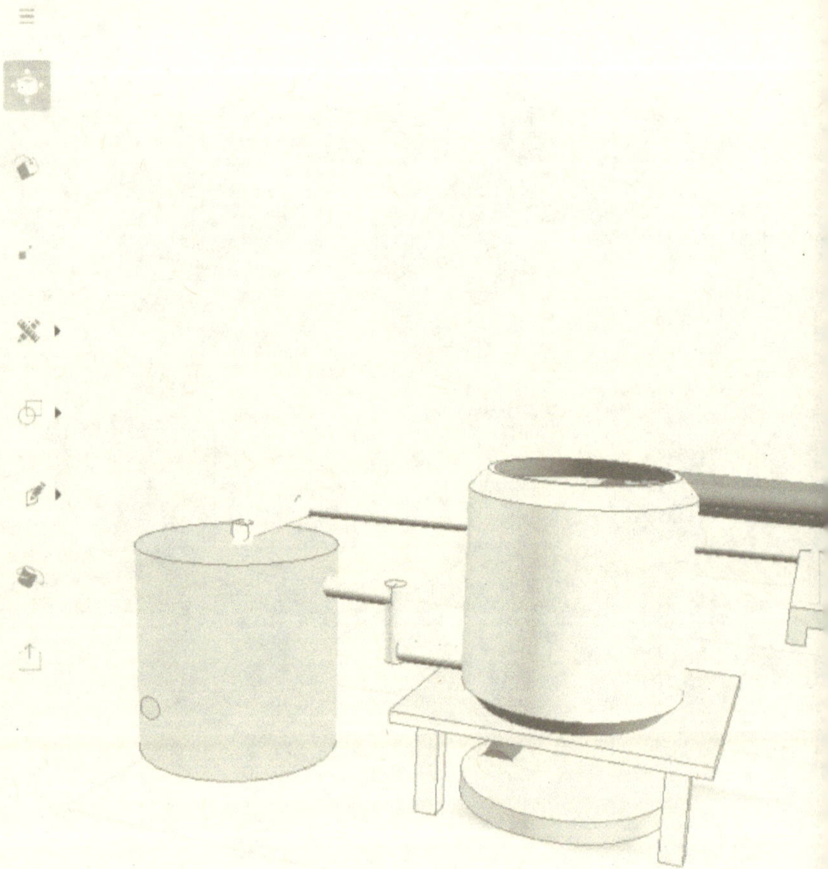

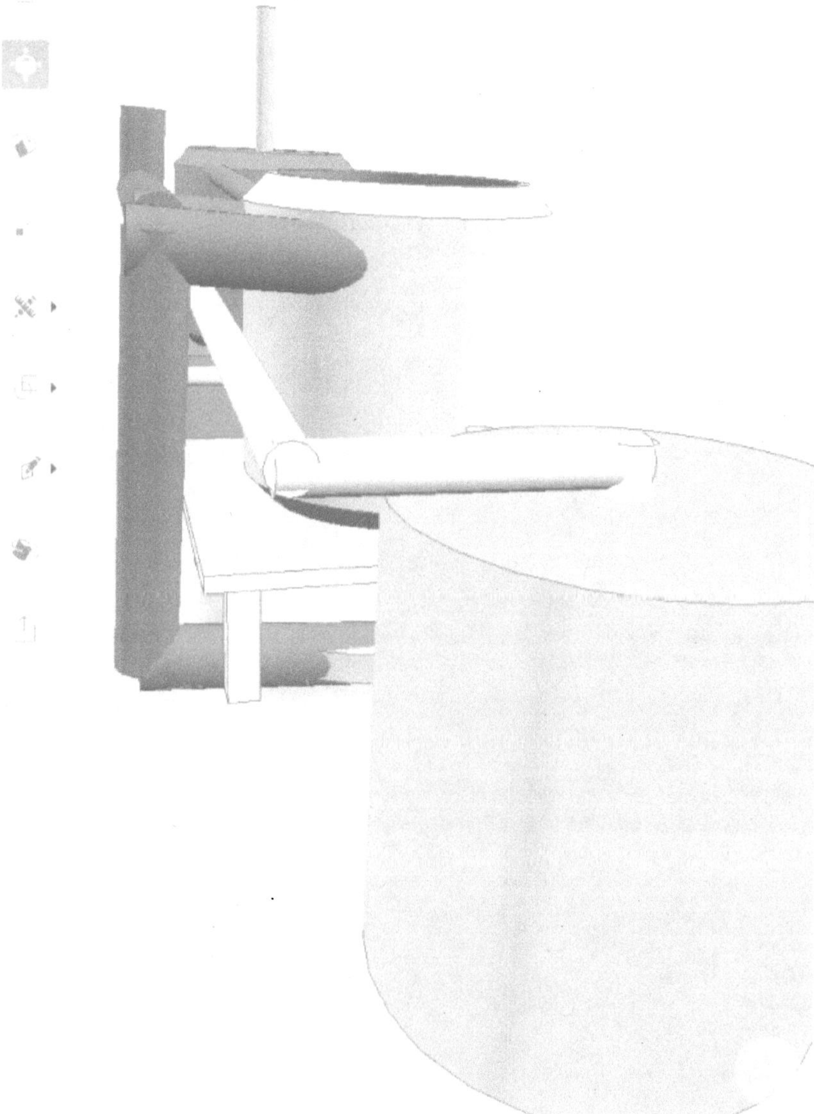

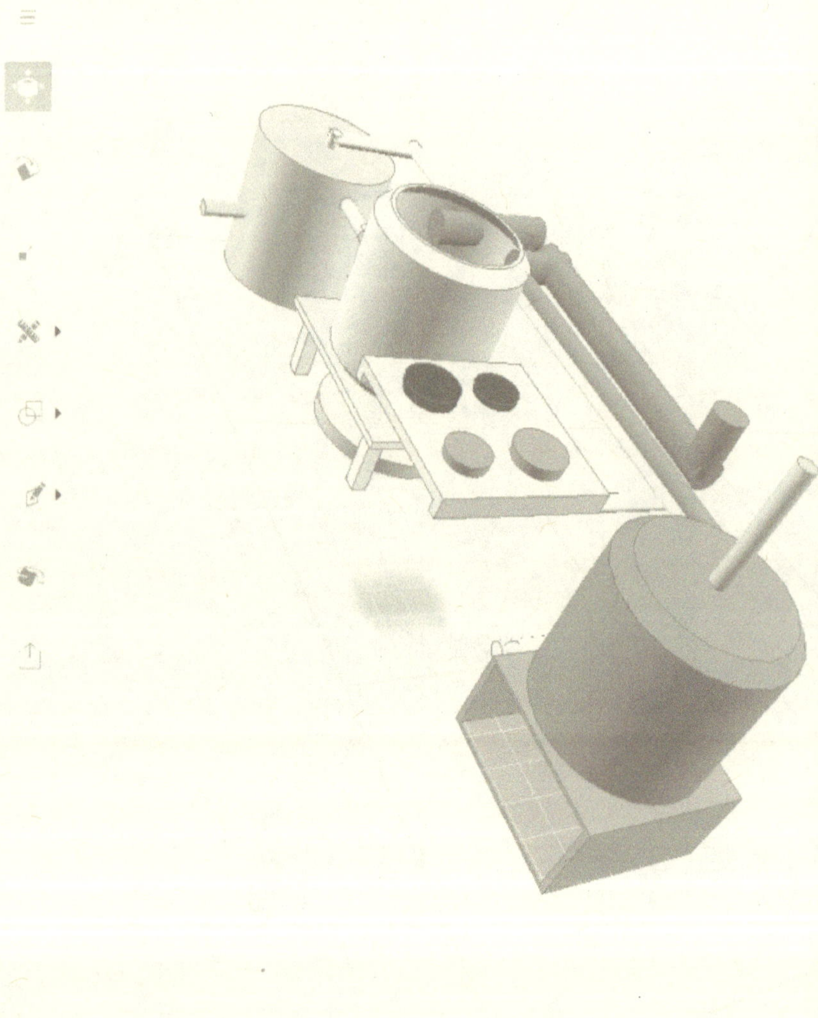

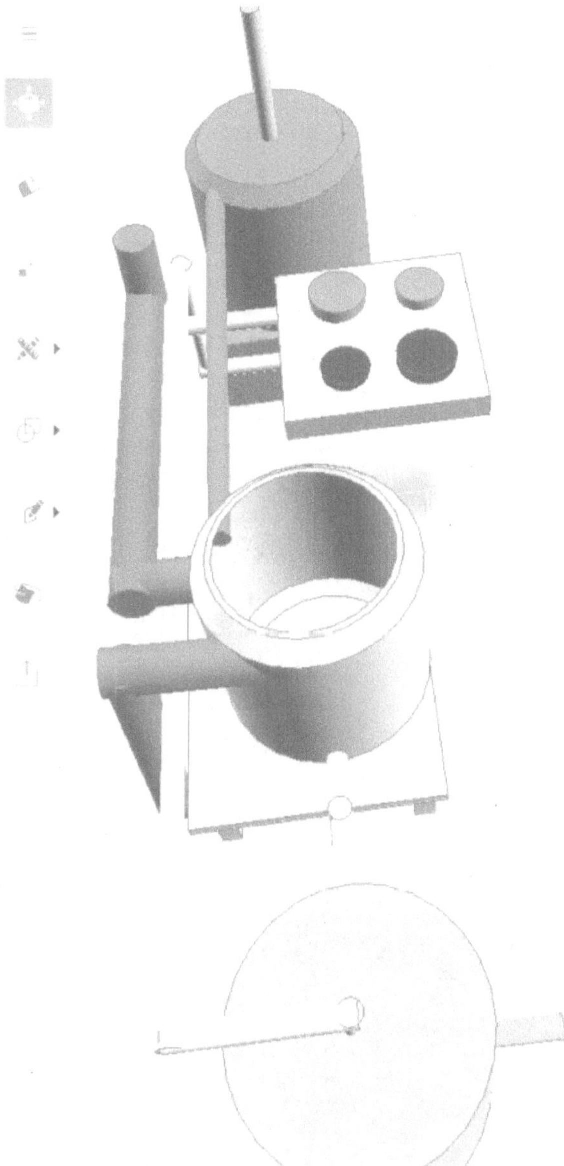

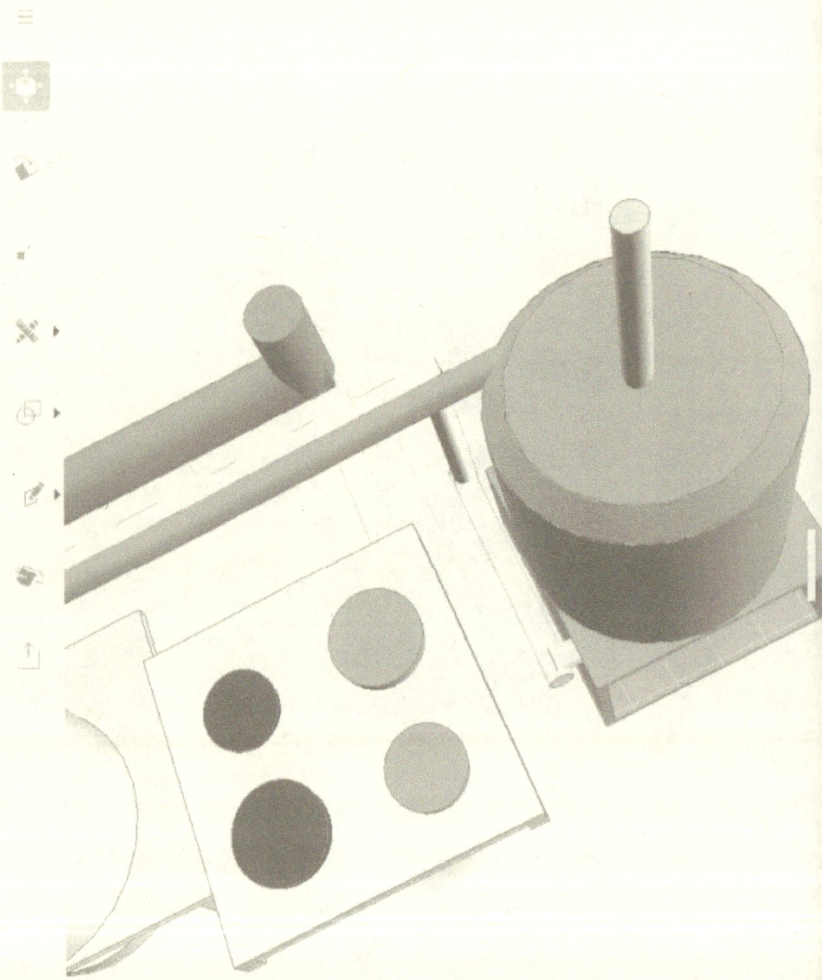

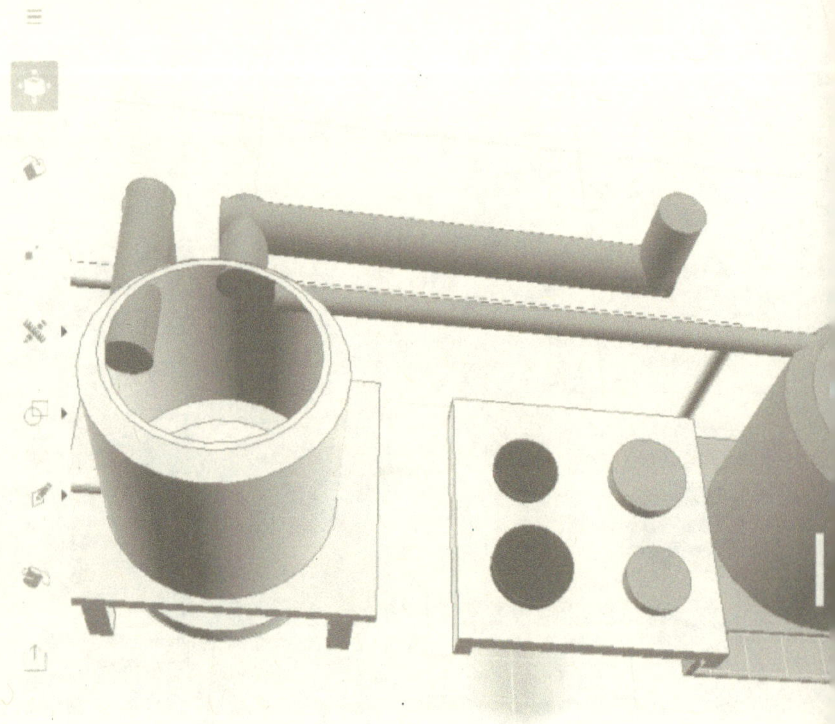

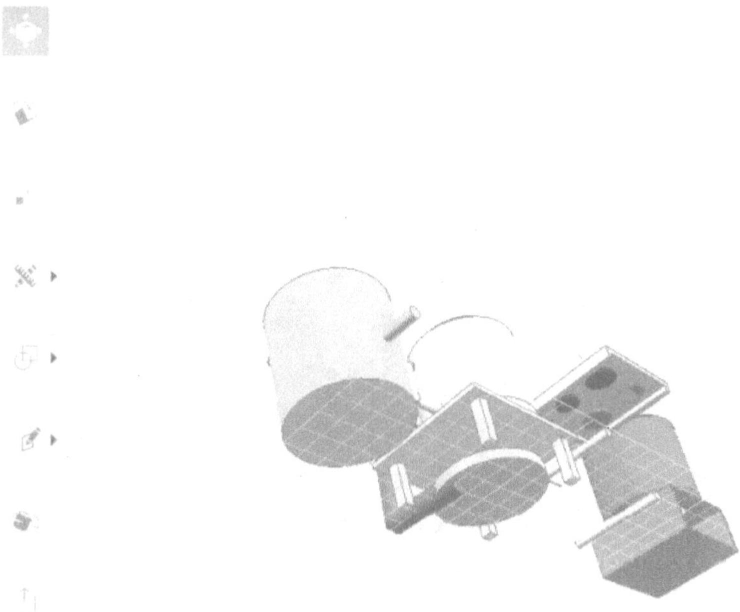

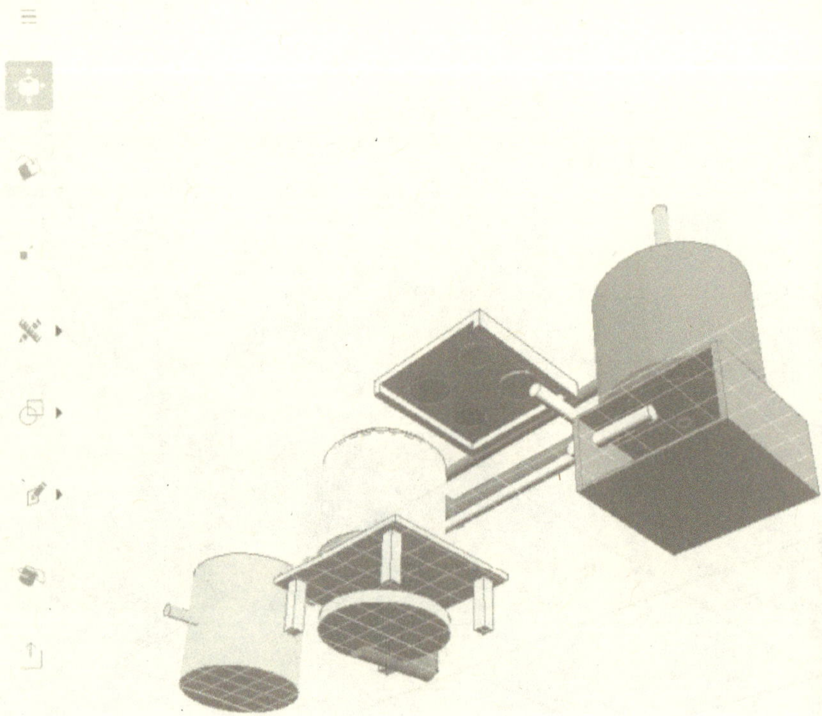

Le lave-linge (carré blanc) et sa cuve (bleu foncé) doivent être installés à 40 cm au-dessus du sol, afin de faciliter l'évacuation de l'eau avec un robinet.

Ce système d'égouts (tuyaux marron foncé) dispose d'un biodigesteur (vert), d'un réservoir d'eaux usées (marron clair), où vous décantez les solides et les liquides de vos eaux grises, d'un fossé (orange), pour l'éventuel excès d'eau servie, d'un réservoir d'ébullition (violet), de la vapeur (tuyau bleu clair), un four (carré rouge) et du biogaz (tuyaux blancs).

Énergie

Les énergies renouvelables comprennent la lumière solaire, la chaleur solaire, le vent, la biomasse, l'hydrogène et la géothermie. La lumière solaire, l'éolien et la géothermie peuvent être trop chères, nous allons donc nous concentrer sur la chaleur solaire et la biomasse.

Parallèlement à la production d'énergie, il est nécessaire d'utiliser moins d'énergie pour être durable. Cela signifie une maison avec une bonne isolation, des lampes à faible consommation d'énergie, de l'électronique et des appareils ménagers, et le minimum de gaspillage d'énergie (à partir d'un système de câblage fragile, de chauffage de l'eau sans besoin, etc.).

N'importe quelle voiture peut être adaptée pour utiliser de l'éthanol, mais il vaut mieux en acheter une avec cette technologie déjà installée et se rappeler que l'éthanol peut être aussi cher que l'essence, car il faut plus de volume pour produire la même énergie.

Les voitures électriques sont considérées comme un choix approprié (quand elles deviennent moins chères), ainsi que les vélos (l'utilisation des deux est importante). Utiliser les transports en commun prend moins de ressources de la nature, mais cela peut être plus cher et ce n'est pas toujours disponible.

En conclusion, essayez d'économiser (argent ET énergie) le plus possible lors du choix de votre moyen de transport.

Notre maison écologique utilise la chaleur du soleil et de la biomasse pour produire de l'énergie. Tous les appareils électroménagers utilisent de l'énergie électrique pour fonctionner, mais vous pouvez installer un poêle à double énergie, qui utilise de l'électricité dans deux brûleurs et du biogaz dans les deux autres. Vous pouvez également utiliser un poêle à bois pour cuisiner, et dans ce cas n'oubliez pas d'inviter l'auteur et sa famille à un repas.

Les restes qui ne peuvent pas être envoyés au biodigesteur doivent être brûlés sur le four ou utilisés directement sur le sol, comme le papier, le carton, les plumes, le marc de café, la tonte de jardin, la sciure de bois, les plastiques, le chewing-gum, les ongles, les peluches, les cheveux, la terre, le sable ou des coquillages.

La vapeur du système de chauffage est utilisée pour générer de l'énergie, déplaçant un **moteur électrique monophasique de 2 kW 2800 tr/min 240 V** avec une turbine ou similaire, installé au deuxième étage. Afin d'assurer la sécurité énergétique, il est important d'avoir deux générateurs, plus un pour la pression de la vapeur provenant des eaux grises et du four. La vapeur se condensera et retournera au réservoir d'eau. Utilisez un robinet pour contrôler la quantité de vapeur allant à la turbine et un manomètre pour mesurer la pression. Vous pouvez également utiliser un contrôleur, un onduleur et quelques batteries, surtout si vous utilisez également des panneaux photovoltaïques.

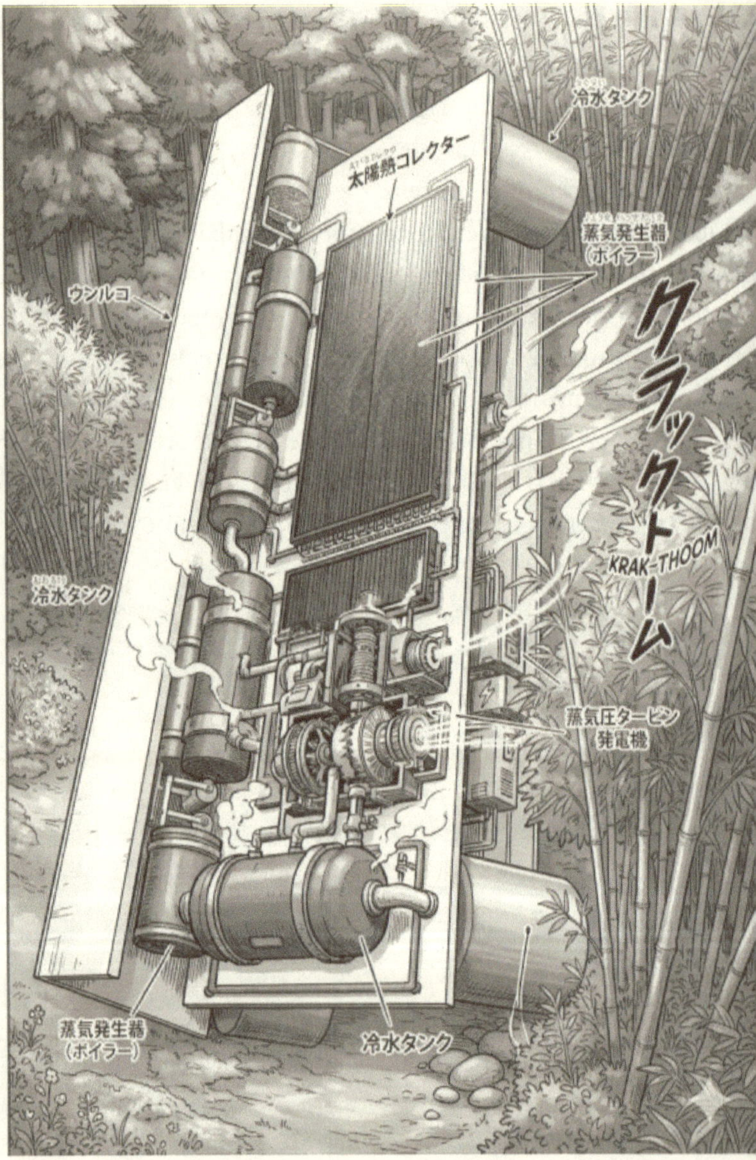
冷水タンク
太陽熱コレクター
蒸気発生器
（ボイラー）
クラックトーム
KRAK-THOOM
ウンルコ
冷水タンク
蒸気圧タービン
発電機
蒸気発生器
（ボイラー）
冷水タンク

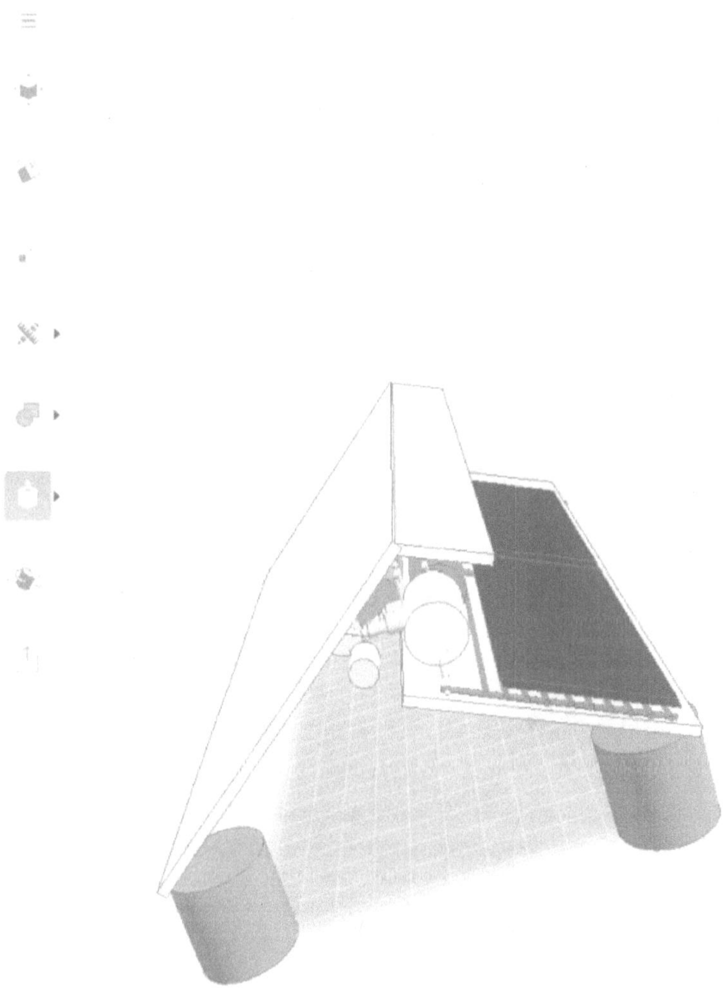

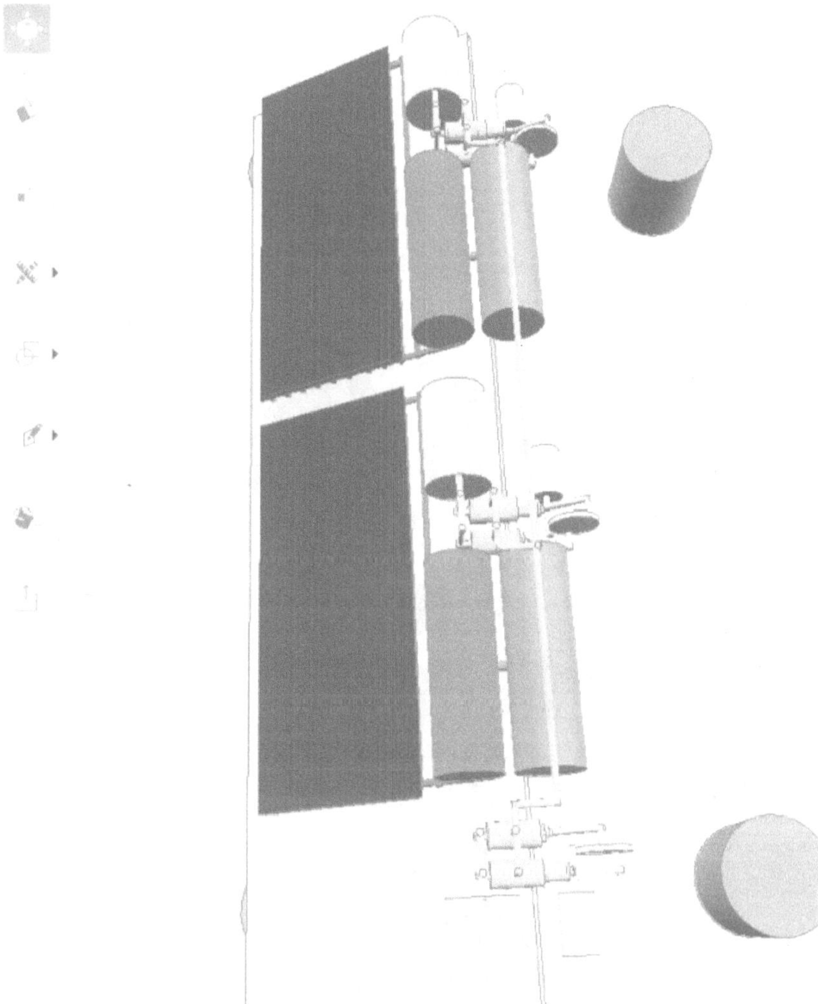

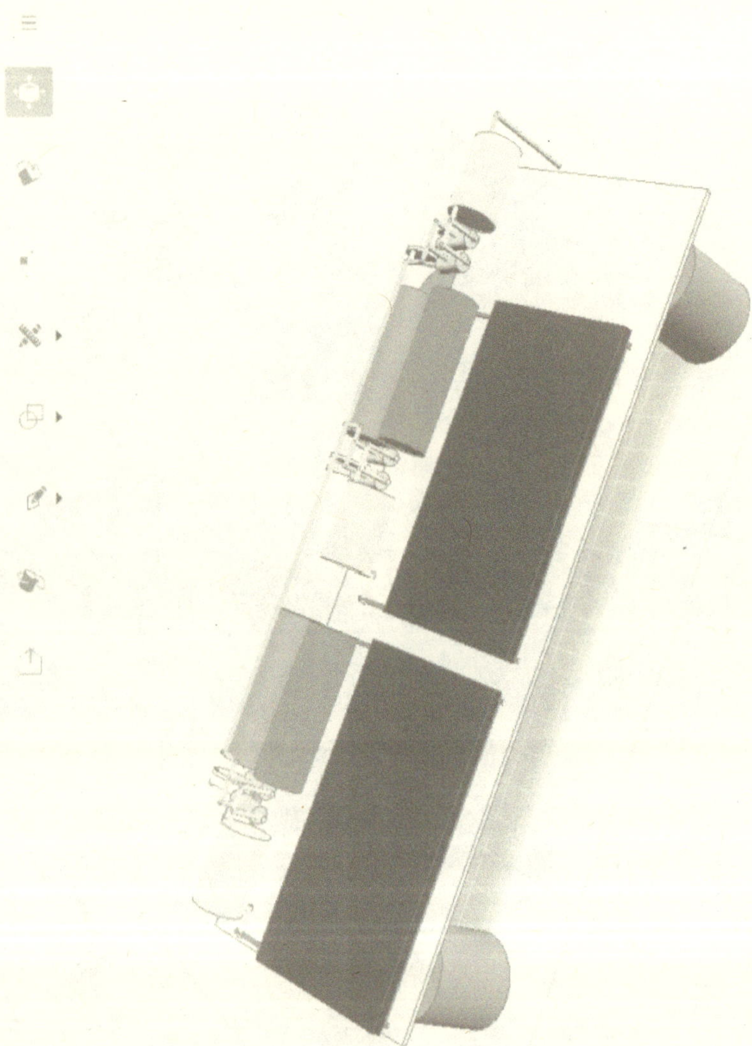

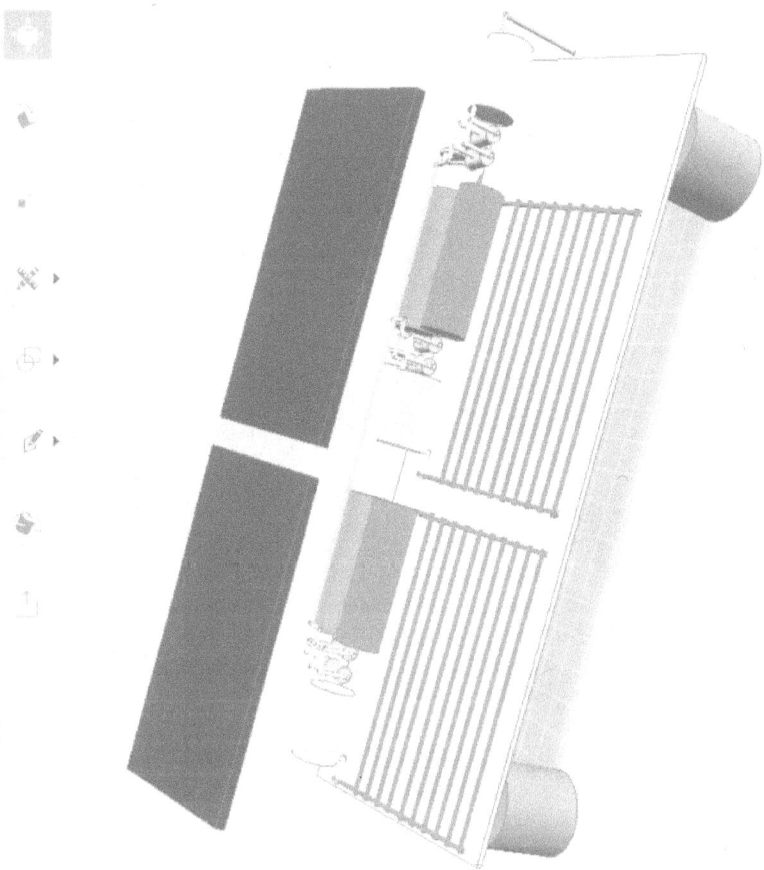

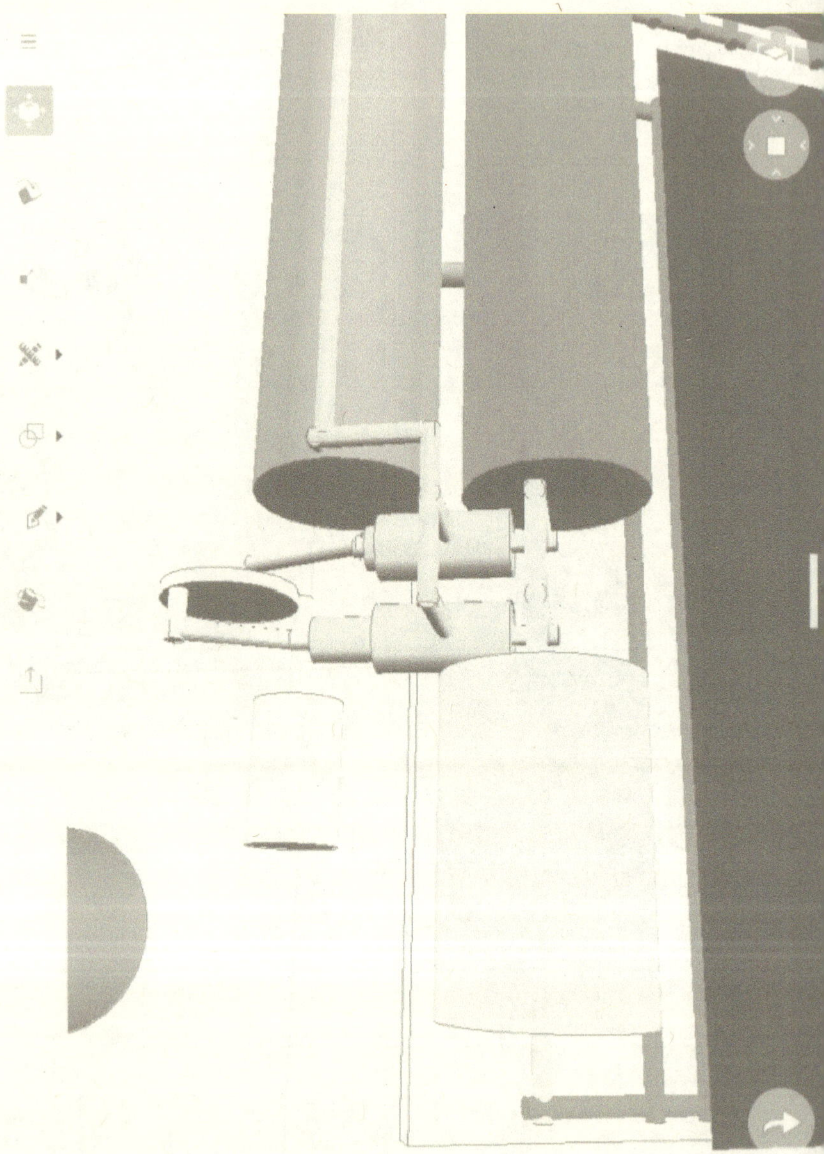

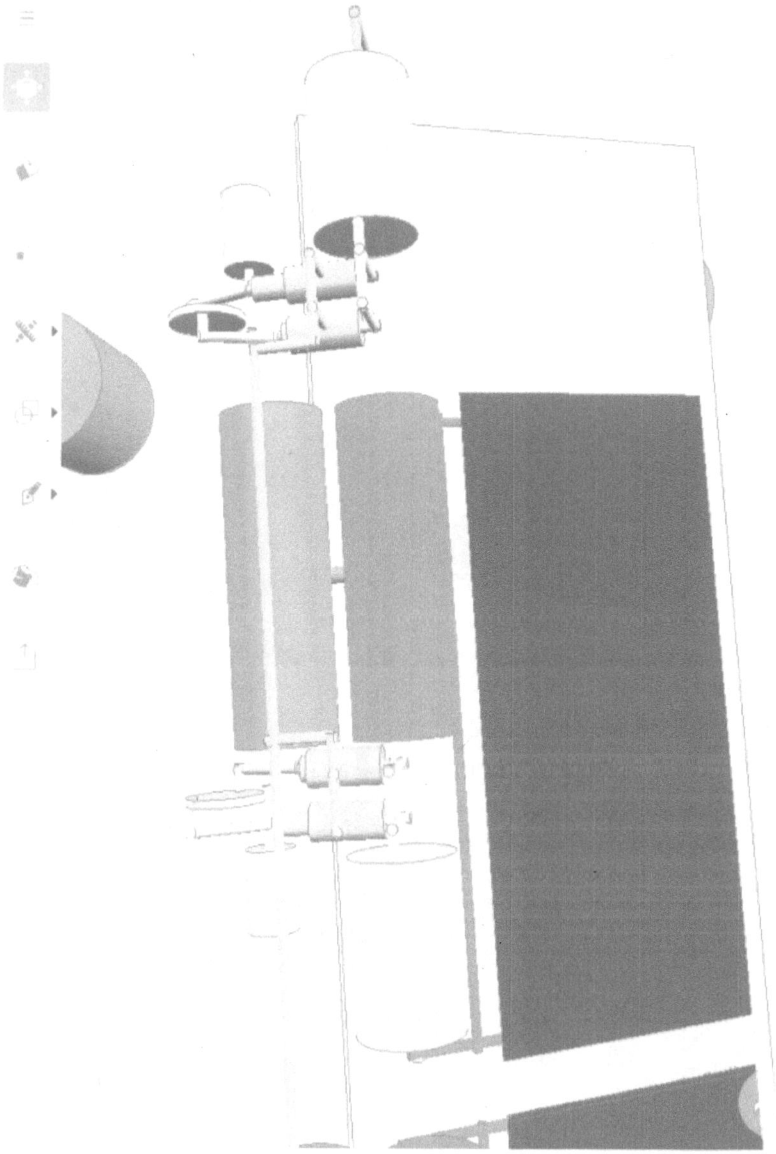

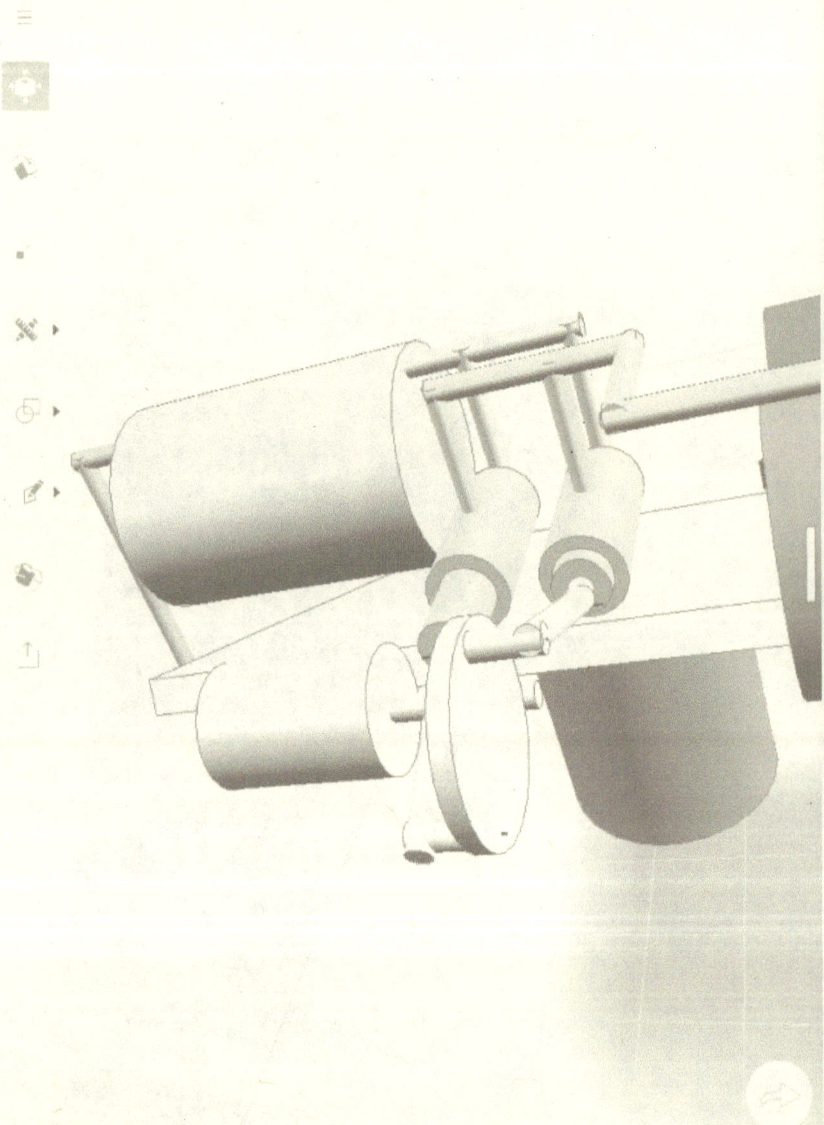

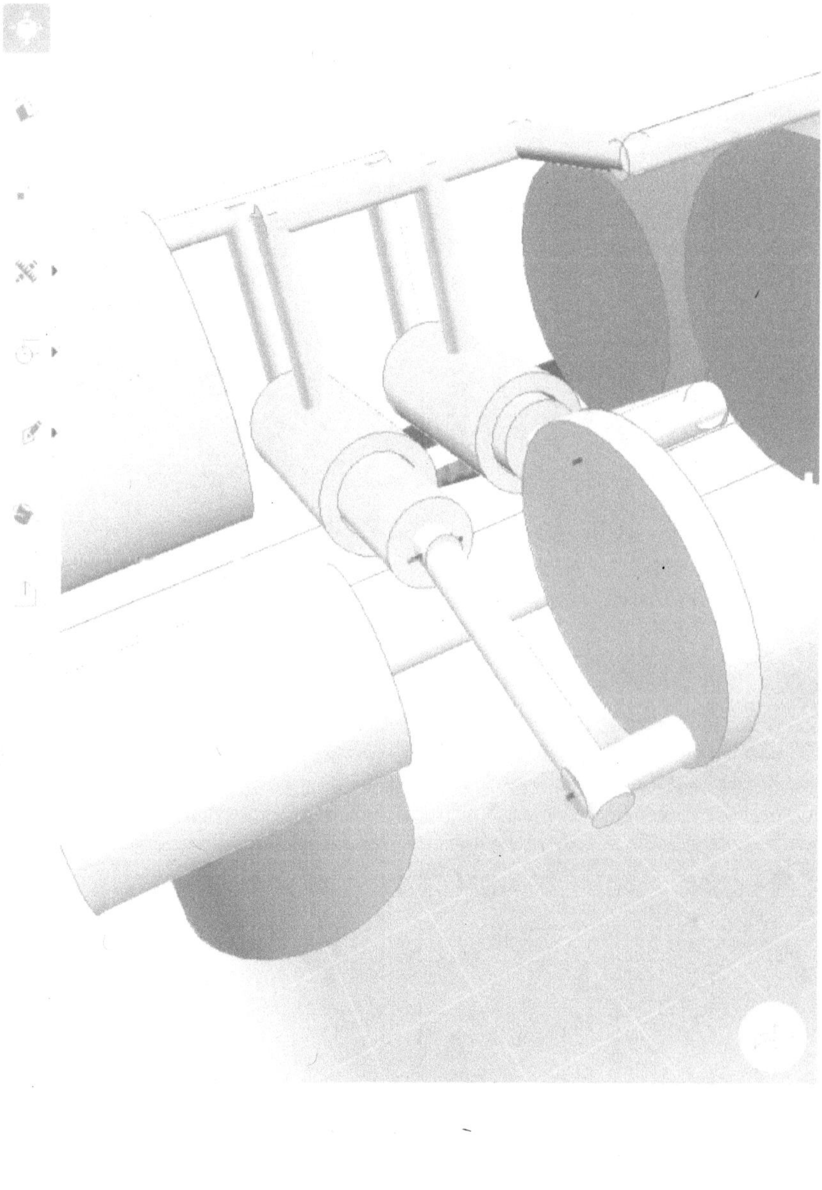

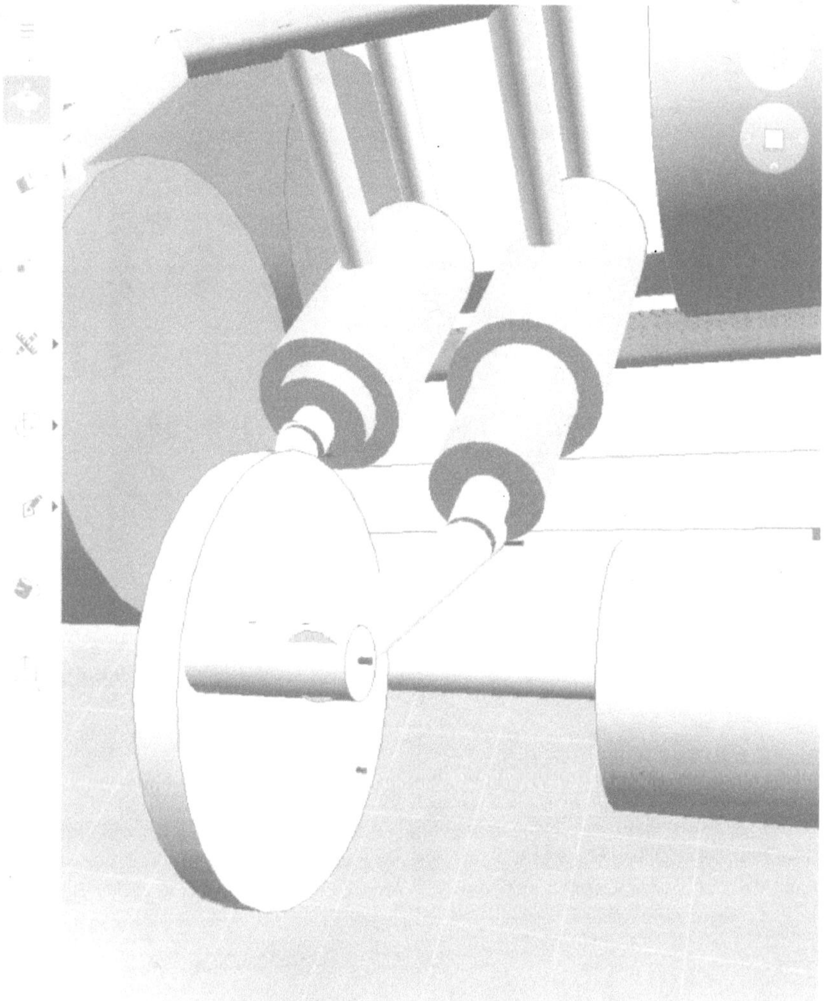

Le système exposé ci-dessus peut chauffer l'eau à des températures
supérieures à 100 °, ce que les chauffages solaires courants ne peuvent

pas faire. Sur les tuyaux métalliques avec de l'eau (en rouge), vous devez installer une plaque métallique noire (noire) et couvrir les espaces vides entre les tuyaux avec du polystyrène (styromousse). La plaque métallique absorbe la chaleur, qui est concentrée à travers la mousse de polystyrène et fait bouillir l'eau dans les tuyaux. Utilisez des tuyaux en cuivre ou un autre métal qui peut résister à des températures et des pressions élevées. La vapeur est concentrée dans un réservoir approprié (orange) et envoyée en continu à la machine à vapeur (vert). La vapeur déplace le moteur électrique (gris) et est renvoyée vers le réservoir d'eau (bleu). Ce n'est PAS une machine *moto perpetuo*, les jours nuageux et pluvieux, vous devez utiliser le four pour produire de l'électricité. Pendant l'hiver, les arbres sont plus secs et il est nécessaire de brûler plus de bois de chauffage à la fournaise pour produire la même quantité d'énergie.

Puisque vous avez suffisamment de cour pour les grands arbres, vous disposez d'un bon approvisionnement et d'un stockage naturel d'énergie chimique, et vous devez couper les branches et les laisser sécher pour une utilisation optimale dans le four. L'eau bouillie avec le four (bleu clair) arrive à une machine à vapeur et après avoir déplacé le générateur électrique, elle est envoyée aux réservoirs d'eau.

Vous pouvez installer les panneaux solaires sur le toit supérieur, en utilisant une structure au-dessus face au soleil (ne couvrez pas les panneaux solaires et ne l'installez pas directement sur le toit supérieur, cela nécessite une bonne ventilation et il est contre le soleil) à un angle égal à votre latitude pour des conditions optimales. N'oubliez pas qu'il faut utiliser un onduleur pour le transformer en courant alternatif 110/220 V, et des diodes pour éviter que l'une ne brûle les autres.

Dans une maison, l'énergie est principalement dépensée pour les appareils suivants : douche électrique, climatisation, repassage, cuisinière/four (électrique ou à gaz), machine à laver avec sèche-linge et éclairage. Evitez les deux premiers (utilisez une partie de l'eau chaude pour la douche, et un bon système d'isolation comme celui présenté précédemment), et utilisez des appareils basse consommation (ampoules LED, lave-linge et lave-vaisselle sans sécheur, etc.).

Nourriture

L'accès à la nourriture dépend principalement des ressources financières, et pour y parvenir, une personne doit travailler et dépenser moins d'argent pour d'autres choses.

L'éco maison a environ 50 m^2 sur le toit pour planter des plantes comestibles, et une quantité infinie d'engrais provenant du système de recyclage de l'eau (bio digestat). Utilisez le sol pour planter des arbres fruitiers et le deuxième étage pour planter d'autres plantes comestibles (les tomates, les pastèques, les carottes, les pommes de terre, le chou et le chou de Bruxelles regorgent de vitamines et de minéraux et sont faciles à cultiver). L'élevage d'animaux comme les vaches, les poulets et autres doit être fait loin de la maison, afin d'éviter les problèmes sanitaires.

Si vous vivez dans une zone rurale, planifiez très bien où seront placées les plantes, celles qui nécessitent des soins quotidiens doivent être proches de la maison, tandis que les graines et les grands arbres peuvent être situés dans des zones plus éloignées. Dans ce cas, construisez votre maison au centre de la propriété, pour éviter de laisser une zone trop éloignée et d'être oubliée avec le temps. Plus d'informations sur le sujet dans le livre *The Self-Sufficient Life*, de John Seymour.

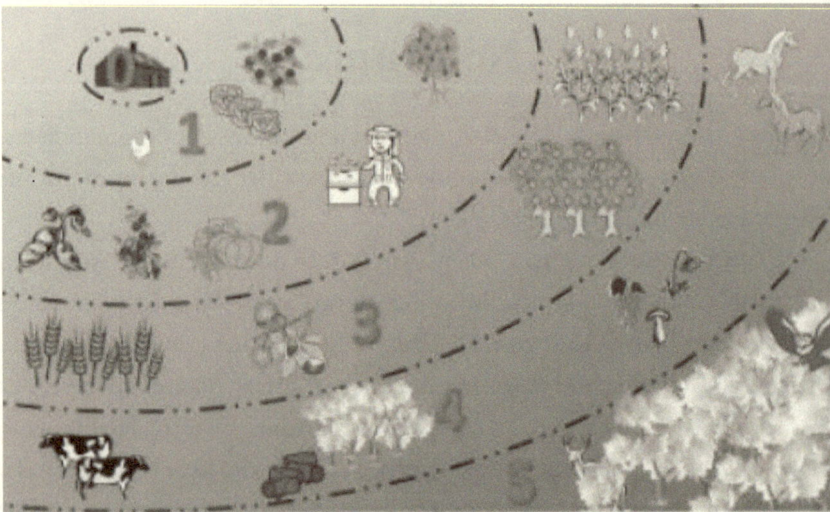

Zone 0 (La Maison) : Le noyau central, où l'on vit, cuisine et planifie le système.

Zone 1 (Usage quotidien) : Attenante à la maison. Elle comprend les jardins d'herbes aromatiques, les jeunes pousses, les semis, les plantes médicinales, la récupération d'eau de pluie et le compostage domestique. Tout ce que l'on récolte ou dont on s'occupe au quotidien.

Zone 2 (Semi-intensive) : Un peu plus éloignée. Elle inclut de petits vergers, des plantes vivaces, des poulaillers (pour la lutte antiparasitaire et la fertilisation), de petits bassins et les principales planches de culture potagère.

Zone 3 (Culture à grande échelle) : Zones de pâturage pour les grands animaux (vaches, moutons) et grandes cultures de plein champ ne nécessitant pas de soins quotidiens, comme le maïs, le blé, les tubercules ou les cultures commerciales.

Zone 4 (Semi-sauvage) : Zone de sylviculture et de gestion forestière. Utilisée pour la récolte de bois de chauffage, de piquets, de fruits sauvages et de plantes indigènes. Elle nécessite très peu d'intervention.

Zone 5 (Nature sauvage) : Un écosystème intact où l'être humain ne pénètre que pour observer, méditer et apprendre de l'intelligence naturelle. Il n'y a ni aménagement ni culture à cet endroit.

Une façon intelligente de profiter de la nature en votre faveur est de placer des plantes qui fixent l'azote dans le sol, comme les haricots et le soja, à côté d'autres céréales comme le maïs et l'avoine, en évitant l'usure et la consommation d'engrais, en plus de l'assolement consacré. N'oubliez pas que les animaux que vous élevez ont aussi besoin de nourriture, vous devez donc planter ce qu'ils vont manger, quelque chose de plus durable que d'acheter de la nourriture.

Les animaux sur la propriété peuvent être une bénédiction ou une nuisance dans la vie du résident. Les insectes comme les fourmis, les termites, les chenilles et les pucerons doivent être combattus en mettant de la cendre aux pieds des arbres fruitiers, en plantant du tabac dans les potagers (le troisième étage de l'écomaison est bien protégé de certains ravageurs, facilitant la production) ou de l'eau de la machine à laver.

Les porcs, les chèvres et les poulets peuvent être élevés sur des parcelles avec les cultures (mais sur des parcelles séparées, bien sûr). Ces animaux nettoient le sol (les poules entrent en dernier, pour enlever les mauvaises herbes) et fertilisent la terre dans les parcelles où ils sont confinés, faisant le travail pour le planteur et déposant leurs déchets là où ils sont nécessaires. De plus, vous n'aurez pas besoin de récolter ce que vous avez planté et de le laisser stocké pour le donner aux animaux, ils font ce service eux-mêmes lors du changement de terrain, ce qui permet d'économiser du temps, des efforts et des ressources.

Beaucoup d'argent est économisé en utilisant des sources d'énergie et d'eau soutenables. Le travail de fabrication de meubles en bambou et d'ustensiles ménagers est également une source de revenus non négligeable. En outre, travailler sur la construction d'éco-maisons, l'adapter et y apporter des améliorations peut également être rentable et peut être partagé pour une utilisation commune de l'humanité.

Nul doute que le travail manuel de plantation, d'arrosage, de désherbage, de fertilisation et de récolte demandera du temps et des efforts au résident, mais tout ce travail sera partagé entre les habitants de la maison, en particulier les plus jeunes. Pour apprendre à valoriser et respecter l'environnement, il est essentiel d'avoir un contact direct avec lui et d'en récolter les fruits.

Enfin, nous soulignons que nous ne voulons aucun profit de ces idées. Notre seul objectif est d'améliorer le bien-être des personnes dans le besoin.

Merci pour vos efforts pour faire de la Terre un meilleur endroit où vivre.

Que Dieu te bénisse.

###

Ce livre est l'opinion de l'auteur, et rien d'autre ; il ne représente pas l'opinion d'un gouvernement, d'une organisation ou de tiers.
Merci de l'intérêt que vous portez à la lecture de ce livre. J'ai vraiment apprécié ça.

Certes, beaucoup de gens ne seront pas d'accord avec cela, comme c'est courant dans toute discussion scientifique... J'aimerais donc connaître votre point de vue.

N'hésitez pas à envoyer vos suggestions, commentaires et opinions à rogeriocietto@gmail.com, sujet Ecomaison. Votre email est bienvenu. J'ai le regret de vous informer que vous ne me trouverez pas sur Facebook, Twitter, Orkut ou tout autre média connexe.

www.ingramcontent.com/pod-product-compliance
Lightning Source LLC
LaVergne TN
LVHW060304051026
849517LV00003B/968